KB124252

탄소중립

탄소중립

제1판 제1쇄 2022년 12월 20일

엮은이 한국과학기술연구원
펴낸이 이광호
주간 이근혜
편집 홍근철 박지현
마케팅 이가은 허황 이지현 맹정현
제작 강병석
펴낸곳 ㈜문학과지성사
등록번호 제1993-000098호
주소 04034 서울 마포구 잔다리로7길 18(서교동 377-20)
전화 02) 338-7224
팩스 02) 323-4180(편집) 02) 338-7221(영업)
대표메일 moonji@moonji.com
저작권 문의 copyright@moonji.com
홈페이지 www.moonji.com

ISBN 978-89-320-4100-1 03400

탄소중립

KIST 한국과학기술연구원 엮음

문학과
지성사

인류의 미래는 과학기술이 만든다

가을이 시작되는 9월, 서울의 낮 기온이 30도를 넘겼다는 소식은 더 이상 뉴스가 아닌 것처럼 보인다. 국립기상과학원에 따르면, 우리나라 기후는 지난 30년간 크게 변해서 여름은 20세기 초에 비해 19일 길어진 반면 겨울은 18일 짧아졌다. 폭염, 폭우 같은 기상특보 발령도 갈수록 빈번해지고 있다. 이상기후는 단순히 '날씨'의 문제가 아니라 '재난'의 영역으로 들어섰다.

대다수 과학자는 지구 대기에 누적된 온실가스를 기후변화의 원인으로 보고 있다. 온실가스란 지구 대기에 분포하면서, 지표면으로부터 복사된 열을 흡수하거나 반사해 온실효과를 일으키는 기체를 말한다. 이산화탄소와 메테인, 아산화질소, 수소불화탄소, 과불화탄소, 육불화황이 대표적이다. 지구 온도는 태양에서 입사되는 에너지와 지표면에서 복사되는 에너지가 균형을 이루며 일정하게 유지된다. 하지만 대기 중 온실가스 농도가 올라가면 복사열이 축적되면서 지구 가열로 이어지는 것이다.

가장 대표적인 온실가스는 이산화탄소다. 지난 80만 년간 200~300피피엠 사이로 일정하게 유지되던 대기 중 이산화탄소 농도는, 1차 산업혁명 이후 인류가 대량으로 화석 에너지를 쓰기 시작하면서 450피피엠까지 증가했다. 그 결과로 세계 곳곳에서 기후변화가 일어나, 지난 100여 년간 평균 지표 온도는 섭씨 0.85도가량 올랐다. 같은 기간 우리나라는 섭씨 약 1.8도 상승했으니, 세계 평균보다 두 배 이상 오른 셈이다. 우리나라를 위시한 중국, 일본 등 주변국의 산업 발전과 에너지 소비량을 보면, 특히 이 지역에서 국지적 온난화 효과가 크게 나타난 사실을 쉽게 짐작할 수 있다.

전문가들은 지금 추세로 화석 에너지를 소비했을 때, 2050년 지구 기온이 지금보다 섭씨 1.5~2도 정도 오를 것으로 전망한다. 얼핏 큰 상승이 아닌 것 같지만, 지구 전체가 갖는 열 질량thermal mass을 감안하면 섭씨 2도 오르는 데 필요한 에너지 축적량은 상상을 초월한다. 이로 인한 기후변화는 인류에게 참담한 피해를 안길 것이다. 극지방 빙하가 녹아 해수면이 상승할 경우 해안 지역 곳곳이 물에 잠기게 된다. 사막화로 인해 농지가 줄어들고, 고온 현상으로 농작물 재배가 제한된다. 태풍도 훨씬 강력해질 것이다.

자연 생태계도 직접적이고 강력한 타격을 받을 것이다. 불과 30년 만에 우리는 마치 다른 행성으로 이주한 것처럼 전혀 다른 생태계에서 살게 될 수도 있다. 전문가들은 코로나19

같은 팬데믹도 지속적으로 일어나리라 경고하고 있다. 생태계 파괴로 인해 야생동물 서식지와 인간 생활권이 빈번히 겹치면서 인수공통감염병의 발생 확률도 높아지기 때문이다. 우리에게 주어진 30년 남짓의 짧은 기간에 온실가스를 획기적으로 줄이지 못한다면, 인류의 우울한 미래는 결코 기우가 아니다.

인류는 과연 기후변화를 막아낼 수 있을까? 그동안 세계 각국은 경제적 손익을 따지며, 1980년대 이후 꾸준히 제안된 온실가스 감축에 적극 동참하지 않은 것이 사실이다. 하지만 기후변화가 재난 수준으로 가시화되자 그간 미온적 태도를 보여오던 미국, 중국 같은 나라들이 2050년 탄소중립이라는 정책을 내세우고 구체적인 조치에 합류했다. 화석 에너지의 본산인 중동 국가와 메이저 석유 기업들도 재생에너지의 확충, 수소 경제 도입 등을 통해 본격적으로 태도를 전환하기 시작했다.

그럼에도 기후변화는 여전히 어려운 과제다. 경제성장을 위한 모든 활동에는 에너지가 필요하고, 이는 필연적으로 온실가스 배출로 이어진다. 우리나라의 이산화탄소 배출량은 2020년 기준 세계에서 여덟번째로 많다. 환경부 통계에 따르면, 우리나라는 연간 6억 5,622만 톤에 육박하는 이산화탄소를 배출하고 있다. 이는 전 세계 배출량의 1.9퍼센트 수준이다. 세계 10위 경제 대국을 이끈 철강, 석유화학, 반도체를 비롯한 주요 산업의 발전 이면에는 엄청난 양의 이산화탄소 배출이 있었다. 일상의 편의를 제공하는 갖가지 기반 인프라도 마찬가지다. 그렇다고 오랜 기간 정착된 화석 에너지 기반의 생활 방식을 하루아침에 저탄소 구조로 바꾸는 것은 사실상 불가능하다.

탄소중립carbon neutral은 이러한 현실에서 새롭게 떠오른 화두다. 탄소 배출을 무작정 막을 수 없다면, 배출한 만큼 흡수하는 대책을 세워 실질 배출량을 제로로 만들자는 개념이다. 이를 위해 기존 산업을 저탄소·탈탄소 에너지 구조로 완전히 바꾸거나, 아니면 기존 산업을 유지하면서 기술 개발을 통해 탄소 배출을 줄이는 방안이 있다. 또는 탄소를 포집capture하고 저장storage해, 결과적으로 대기 중 이산화탄소를 줄이는 방법도 있다. 어느 방안이든, 공통점은 과학기술을 통한 혁신적 연구 개발이 전제되어야 한다는 것이다.

이 책을 쓰게 된 배경이 여기에 있다. 기후변화와 탄소중립은 먼 나라 이야기가 아니라 우리 코앞에 닥친 과제다. 기후변화가 무엇인지, 탄소 배출을 왜 줄여야 하는지 이제는 모든 사람이 이해해야 한다. 탄소중립을 실현하려면 80억 인류 모두의 생활 방식이 바뀌어야 하기 때문이다.

이 책은 크게 5부로 나뉜다. 먼저 1부에서는 탄소중립을 왜 이야기하는지 자세히 설명할 것이다. 지구는 정말 뜨거워지고 있을까? 우리나라와 세계 각국은 어떤 노력을 하고 있을까? 탄소중립은 무척 어려운 문제인 한편, 기회도 될 수 있는 중대한 변화다. 아마도 2050년에는 탄소중립에 가장 근접한 나라가 세계 정치와 경제, 첨단 기술을 리드하고 있을 것이다.

2부부터 5부까지는 탄소중립과 과학기술의 관계를 다룬다. 인간은 살아가면서 탄소를 배출할 수밖에 없는데, 문명사회에서 탄소 배출을 줄인다는 건 무엇을 의미하는지 이해하는 게 중요하다. 미리 간략히 설명하면, 탄소 배출을 줄이는 동시에 탄소 '제거'를 늘리는 것이다. 여기에는 다양한 분야의 기술이 필요한데, 기술의 개념과 원리를 알기 쉽게 설명해달라고 여러 박사님께 부탁드렸다.

　먼저 2부와 3부는 깨끗한 에너지를 만드는 방법부터 이를 저장하는 방법까지 다루고 있다. 이른바 신재생에너지 기술로서 태양광발전, 풍력발전, 수소에너지가 대표적이다. 에너지는 저장하고 전달하는 과정에서 손실이 일어난다. 우리 몸이 체내에 영양분을 저장해서 힘을 내는 것처럼, 에너지도 어딘가에 저장되었다가 필요한 곳에 전달되어야 한다. 전국을 그물망처럼 촘촘하게 연결하는 송전탑을 생각해보자. 어떻게 하면 손실을 최소화하면서, 효율적으로 에너지를 옮기고, 오랫동안 저장할 수 있을까?

　에너지를 사용하는 방식도 첨단 기술로 바꿔야 한다. 우리가 일상에서 쓰는 모든 물건은 생산과정에서 탄소를 배출한다. 4부에서는 탄소를 적게 배출하면서 건물을 시원하게 또는 따뜻하게 유지하고, 사람과 물건이 자유롭게 돌아다닐 수 있는 새로운 기술들을 다룬다. 더불어 컴퓨터와 스마트폰, 자동차에 들어가는 반도체를 비롯해 생활 곳곳에서 사용되는 쇠붙이를 만들 때에도 많은 에너지가 들어간다. 이러한 기반 산업들도 탄소를 적게 배출하게끔 바뀌어야 한다.

5부에서는 지구 온난화의 주범으로 꼽히는 탄소를 어떻게 '제거'할 수 있을지 살펴본다. 탄소는 나쁜 녀석이니까 무작정 지구 밖으로 쫓아버리자고 생각할 수 있겠지만, 지구가 더 뜨거워지지 않도록 어딘가에 가둬두기만 해도 된다. 아니면 그 형태를 바꾸거나.

마지막으로 각 부의 끝에는 우리가 당장 해야 할 일을 덧붙였다. 기후변화에 대처하자는 공감대는 점차 넓어지고 있다. 최근 젊은 층에서는 환경 친화적인 제품에 높은 점수를 준다는 말을 들은 바 있다. 친환경 소비가 확산되는 것은 바람직한 현상이다. 하지만 탄소중립은 시민의 자발적인 사회운동만으로 실현되지 않는다. 지구상의 모든 나라가, 그리고 기업과 시민 각자가 나서서 해야 할 일이 있는 것이다.

조금 과장해서 말하면, 인류의 미래는 과학기술이 만든다고 할 수 있다. 기후변화 대응에도 과학기술이 결정적이며, 탄소중립은 분명 달성해야 할 인류 공통의 과제다. 탄소 중립을 위해 어떤 과학기술이 필요한지, 우리의 미래는 어떻게 바뀌게 될지 차근차근 살펴보자.

차례

1부

왜 탄소중립일까

기후 문제에 대해서 소문만 무성할 뿐, 사람들의 피부에는 와닿지 않던 시절이 있었다. 터전을 잃은 북극곰이나 해수면 상승 같은 소식이 뉴스에서 흘러나와도 먼 나라의 괴담, 희귀한 해외 토픽으로나 귓전을 스치던 때였다. 그로부터 10년이나 지났을까.

몇 년 새 상황은 급변했다. 이제 사람들은 기후변화를 자신의 당면 과제로 인식한다. 여름마다 사상 최고 기온을 기록 중인 유럽과 미국, 전 세계적으로 끊이지 않는 산불과 가뭄, 급변하는 농작물 지도와 생태계 교란 소식 등, 극명한 신호가 사방을 포위해오고 있는 것이다.

인간의 탄소 배출 활동이 이상기후의 배후로 지목된 지는 오래되었지만, 그동안 각국 정부들은 소극적인 태도로 일관해왔다. 그러나 이상기후가 확연히 가시화되면서 흐름이 바뀌고 있다. 학계나 국제사회 모두 기후변화에 적극 대응하는 쪽으로 태세를 전환하고 있다. 이 중 가장 두드러진 움직임은 탄소중립, 즉 탄소의 배출량을 낮추고 관리하려는 노력에 있다.

물론 정부가 탄소중립을 표방한다고 해서 하루아침에 변화가 일어나지는 않는다. 정책이 실효를 거두기 위해서는 정부의 주도, 기업의 노력, 사회적 분위기에 더해 이 모든 것을 현실적으로 뒷받침할 혁신기술의 유기적인 연계가 필요하다. 이곳에서는 기후변화의 현실과 이를 둘러싼 국제사회 및 기업의 현황, 인류가 탄소중립을 표방한다는 것의 진짜 의미를 확인한다.

우리나라에서 사과가 많이 생산되는 대표적인 지역을 묻는 다면, 대부분 대구 인근을 먼저 떠올릴 것이다. 하지만 최근에 는 <그림1-1>에서 보듯 대구보다 북쪽에 위치한 안동, 문경 같은 경북 북부에서 주로 생산된다. 강원도 정선 인근에서도 사과 재배지가 늘고 있다. 기후에 절대적인 영향을 받는 농촌 에서는 기후변화가 이미 현재진행형이다. 농작물의 재배 한계 선이 북상하고 있는 것이다. 해외에서 전량 수입하던 아열대 작물도 국내 생산량이 조금씩 늘고 있다. 망고의 경우 제주도 를 중심으로 전남 영광이나 고흥, 경남 김해까지 재배 면적이 북상하고 있다.

지금 추세로 지구 가열이 이어진다면, 한반도 대부분이 2100년 이전에 아열대기후가 될 것으로 국립기상과학원은 내 다보고 있다. 한반도 바깥으로 시선을 돌려봐도, 비교적 살기 좋은 환경에 있던 주요 대도시가 기후변화 영향권에 본격 진입하는 양상이다. 특히 최근에는 이상기후에 신음하는 국가가 유난히 많았다. 재난 대응에 있어 가장 앞서가던 독일에서는 천 년 만의 대홍수로 2021년 수백 명이 목숨을 잃는가 하면, 미국과 캐나다 등 북미에서는 섭씨 40~50도가 넘는 폭염이 유례없이 이어지면서 온열 질환자가 속출한 바 있다.

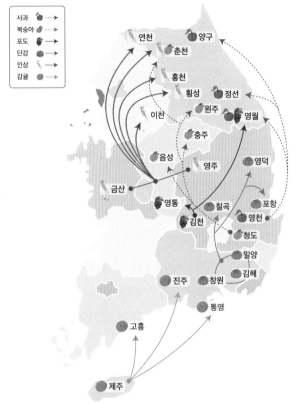

그림 1-1. 기후변화에 따른 주요 농작물 주산지 이동 현황
자료: 통계청, 2018.4.10.

미국 터프츠 대학교는 최근까지 기후변화를 주제로 하는 독특한 토론회를 매년 열었다. 이 대학 국제법·외교학 전문대학원 플레처 스쿨의 두 교수가 각자 기후변화에 대해 상반된 입장을 대표해서 1년에 한 번씩 격렬한 논쟁을 펼치는 것이다. 토론자 중 한 명인 윌리엄 무모William Moomaw 교수는 '기후변화에 관한 정부 간 협의체Intergovernmental Panel on Climate Change, IPCC' 보고서의 공동 저자로 유명하다. 그는 기후변화가 과학적으로 입증된 인재人災이며, 탄소중립을 위한 국제적 노력이 시급하다고 주장한다. 반면 상대 토론자인 브루스 에버렛Bruce Everett 교수는 기후변화 담론이 정치적으로 상당히 과장되어 있으며, 지금 논의되는 글로벌 대응책은 효율성이 낮다고 반박한다.

두 교수의 주장은 평행선을 달리는 것 같지만, 기후변화가 실제 벌어지고 있다는 사실에 대해서는 시각이 일치한다. 미국 국립해양대기관리국이 발간한 연례 기후 상태 보고서에 따르면, 2021년 대기 중 평균 온실가스(이산화탄소, 메테인, 아산화질소) 농도는 역대 최고치를 경신했다. 특히 이산화탄소 농도는 414.7피피엠으로, 원시 기후 기록을 고려했을 때 최근 100만 년 만에 가장 높은 수치를 기록했다. 2015년 체결된 파리협정Paris Agreement도 이와 공통된 인식에 기반한다.

이상기후에 따른 기상재해도 점차 빈번해지고 있다. 기후변화에 관해 가장 공신력 있는 연구 결과를 발표하는 유엔 산하 IPCC의 최근 보고서를 보면, 인간 활동과 기후변화 사이의 인과관계를 뒷받침하는 객관적 근거가 늘었다는 것을 알 수 있다. 교토의정서 채택(1997) 무렵 발표된 제2차 평가 보고서 이후, 첨단 장비 등을 활용한 실증 연구가 20년 이상 누적된 결과다.

학계도 어느 정도 공통의 패러다임으로 수렴하는 양상을 보인다. 이전까지 기후변화 대응에 미온적이던 미국, 호주 등 주요 탄소 배출마저 파리협정 체결 이후에는 적극 동참하는 쪽으로 방향을 선회했다. 물론 앞서 소개한 에버렛처럼, 탄소중립을 위한 투자나 기술 개발이 비효율적이라는 비판도 여전하다. 하지만 꼭 낭비라고 볼 필요는 없다. 탄소중립 기술은 본질적으로 에너지 기술이기 때문이다.

인류는 1차 산업혁명 이후 지속적으로 에너지원을 변화시켜왔다. 새로운 에너지원을 찾아야 했던 가장 큰 이유는 에너지 집약도 문제였다. 높은 밀도의 에너지원을 사용할수록 더 많은 일을 해낼 수 있다.

석탄, 석유 이후 이제는 전 세계가 신재생에너지에 주목하고 있다. 여기에는 반드시 기후변화에 대응할 목적만 있는 것은 아니다. 채굴 기술이 발전한 덕분에 석유 같은 화석연료는 계속 발굴된다. 50년 전에도 70년 치밖에 남지 않았다던 석유는 지금도 70년 치가 남아 있다. 문제는, 앞으로 석유의 단위당 발굴 비용이 상승할 일만 남았다는 것이다. 오죽하면 '오일머니'로 유명한 중동 국가들마저 최근 들어 신재생에너지에 관심을 갖겠는가. 석유가 압도적으로 저렴한 시대는 이미 지나가고 있다.

에너지는 국가 경제의 근간을 이루는 핵심 요소다. 석유 시대에 자원을 확보하지 못해 숱한 부침을 겪은 우리나라도, 다가오는 신재생에너지 시대에는 에너지 자립국의 희망을 가져 볼 수 있다.

국제사회, 행동해야 할 시간

과거 기후변화는 일부 과학자들이나 시민 단체 같은 비정부 부문에서 논의되는 개념이었다. 하지만 과학계를 중심으로 기후변화의 심각성이 본격 제기되자, 1988년 유엔 산하 기구 IPCC가 출범했다. 이어 유엔 총회에 국가 간 협상 위원회가 설립되면서 국제 기후변화협약을 위한 기틀이 마련되었다.

당시 국제사회는 기후변화 문제가 전 지구적 문제인 만큼 국제사회 구성원 모두 참여해야 한다는 데 뜻을 모으기는 했으나, 최초의 협약은 구체성과 강제성이 없다는 한계가 있었다. 이를 극복하기 위해 구체적 온실가스 감축 목표를 의무적으로 부여할 필요성이 지속적으로 논의되었다. 이러한 맥락에서 온실가스 중에서도 기여도가 가장 큰 이산화탄소를 대상으로 삼아, 2050년까지 세계 탄소 순 배출량을 0으로 만드는 탄소중립이 제안되었다.

'기후변화에 관한 유엔 기본 협약United Nations Framework Convention on Climate Change'(이하 기후변화협약)은 1992년 6월 브라질 리우데자네이루에서 열린 유엔환경개발회의UNCED에서 공식 채택되었다. 당시 154개국 정상이 서명했으며, 우리나라는 1993년 12월 세계 마흔일곱번째로 가입했다.

기후변화협약은 인간이 기후 체계에 '위험한 영향을 미치지 않을 수준으로' 대기 온실가스 농도를 안정화시킨다는 목적을 내세웠다. 또한 온실가스 배출과 기후변화는 산업화를 먼저 거친 선진국에 더욱 큰 책임이 있다는 역사적 인식을 기반으로, 선진국과 개발도상국에 차별화된 책임을 부여했다. 경제협력개발기구OECD 회원국 등 선진국은 부속서Annex I그룹, 그외 개발도상국은 비非부속서 I그룹으로 구분해, 각국의 역량에 맞는 온실가스 감축을 선언하게 한 것이다.

기후변화협약은 감축 목표를 구체적으로 정하지 않았다. 온실가스 감축에 따른 막대한 경제적 비용을 감안했기 때문이다. 결국 협약상의 감축 의무만으로는 기후변화 대응에 한계가 있다는 공감대가 형성되었다. 많은 논란 끝에, 제3차 유엔 기후협약 당사자총회가 1997년 일본 교토에서 열렸다. 여기서 당사자총회COP3란 당사국들이 협약 이행의 정도를 정기적으로 검토하고 목표를 효과적으로 달성하기 위해 각종 의사 결정을 내리는 회의체로서, 유엔 기후변화협약의 최고 의사 결정 기구다. 1997년 당사자총회는 감축 의무를 이행할 국가와 감축이 필요한 온실가스 목록, 구체적인 감축량을 규정한 교토의 정서를 채택했다. 교토의정서는 온실가스 배출에 더욱 큰 책임이 있는 선진국에 대해 구속력 있는 감축 목표를 설정하게 했다. 또한 적은 비용으로 효과적인 목표를 달성할 수 있도록 공동 이행 제도, 청정 개발 제도, 배출권 거래제 등 다양한 시장 메커니즘을 도입한 것이 특징이다.

공동 이행 제도, 청정 개발 체제

온실가스 의무 감축국(부속서 I그룹)들이 온실가스 감축 사업을 공동 수행하는 것을 인정하는 제도다. 공동 이행 제도에 따르면 의무 감축국 A가 다른 의무 감축국 B에 투자해 달성한 온실가스 감축분의 일부를 A의 감축 실정으로 인정한다. 한편, 청정 개발 체제는 의무 감축국 A가 비의무 감축국 C에서 온실가스 감축 사업을 시행해 얻은 감축 실적을 A의 실적으로 인정하는 제도다.

배출권 거래제

온실가스 의무 감축국이 의무 감축량을 초과 달성할 경우 초과한 양만큼 다른 의무 감축국에 판매하거나, 혹은 반대로 의무 감축량을 달성하지 못한 경우 다른 의무 감축국으로부터 부족분을 구매할 수 있게 하는 제도다. 배출량을 의무 감축량 이상으로 줄인 국가는 배출권 판매 수익을 거둘 수 있으며, 배출량을 줄이는 데 비용이 많이 드는 국가는 보다 저렴한 배출권을 구매하는 방식으로 비용을 줄일 수 있다. 부속서 I그룹 국가는 다시 자국 기업에 배출권을 할당해 기업 간에 배출권을 거래할 수 있게 하고 있다.

이후 교토의정서가 이행되면서 이산화탄소 배출량은 전 세계적으로 15억 톤 이상 감축되었다. 청정 개발 제도를 통해 개발도상국이 독자적으로 감축한 탄소의 양을 선진국에 판매해 수익을 창출하고, 선진국은 비용을 절감할 수 있었다. 하지만 세계 최대의 온실가스 배출국인 미국을 비롯해 일본, 캐나다, 러시아, 뉴질랜드 등이 제2차 공약 기간에 불참을 선언한 데다, 중국, 인도 등 감축 의무를 지지 않던 개발도상국의 온실가스 배출이 증가하는 등 한계가 노출되면서, 새로운 협약 체제가 필요하다는 인식이 확산되었다.

파리협정, 신新기후 체제의 첫걸음

2015년 12월 프랑스 파리에서 열린 제21차 당사국 총회는 2주간의 협의 끝에 2020년 이후 신기후 체제의 근간이 될 파리협정을 채택했다. 파리협정은 선진국에만 감축 의무를 부여한 교토의정서와 달리, 모두 참여해 포괄적인 방식으로 대응하는 최초의 기후 협약이다.

	교토의정서	파리협정
목표	온실가스 배출량 감축 (1차: 5.2퍼센트, 2차: 18퍼센트)	섭씨 2도 목표 섭씨 1.5도 목표 달성 노력
범위	주로 온실가스 감축에 초점	온실가스 감축 외 포괄적 대응 (적응, 재원, 기술이전, 역량 배양, 투명성 등 포괄)

감축 의무 국가	주로 선진국	모든 당사국
목표 설정 방식	하향식	상향식
목표 불이행 시 징벌 여부	징벌적 (미달성량의 1.3배를 다음 공약 기간에 추가)	비징벌적
행위자	국가 중심	다양한 행위자 참여 독려

그림 1-2. 교토의정서와 파리협정 비교. 자료: 환경부, 2016.

파리협정은 지구 평균 기온의 상승 폭을 산업화 이전 대비 섭씨 2도 이하로 억제하고, 더 나아가 섭씨 1.5도 이하라는 목표를 세워 구체적인 방안을 수립했다. 하향식으로 감축 목표를 할당했던 교토의정서와 달리, 각 당사국이 온실가스 감축 목표를 스스로 정하는 상향식을 취했다. 또한 종료 시점 없이 5년마다 새로운 목표를 제시해, 기후변화에 지속적으로 대응하게 했다.

파리협정은 이처럼 교토의정서의 한계로 지적되던 개발도상국 배제 방식에서 벗어나, 모든 국가가 기후변화에 적극 동참하게 했다. 온실가스 감축은 물론 적응, 재원, 기술, 역량 배양, 투명성에서 보다 포괄적인 목표를 세우는 한편, 개발도상국 또한 이들 목표를 이행할 수 있게끔 지원하는 방안까지 규정했다.

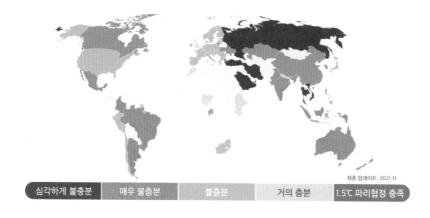

심각하게 불충분　매우 불충분　불충분　거의 충분　1.5℃ 파리협정 충족

최종 업데이트: 2021.11

그림 1-3. 파리협정 감축 목표에 대한 이행도
자료: 클라이밋 액션 트래커, climateactiontracker.org.

　하지만 이행 수준에 법적 구속력이 없는 점, 국가별 감축 목표를 스스로 제시하게 하다 보니 목표 수준이 다소 소극적으로 정해진 점은 한계로 지적되고 있다. 모든 국가가 감축 목표를 달성하더라도, 2030년 온실가스 배출량은 지금보다 1퍼센트 낮은 수준에 불과할 것으로 예측된다. 이 와중에 미국은 파리협정이 2040년까지 국내총생산GDP 3조 달러의 손실을 가져오고, 2025년까지 270만 개의 일자리를 없애는 불공정한 조약이라며 2017년 6월 도널드 트럼프 대통령 주도로 파리협정에서 공식 탈퇴했다가, 2021년 조 바이든 대통령이 취임하면서 복귀하는 해프닝을 빚었다.

　파리협정 체결 이후에는 기후변화 대응에 전 세계의 모든 역량을 집중한다는 취지로, 실천의 중요성을 강조한 '기후행

동정상회의'가 2019년 뉴욕에서 개최되었다. 같은 해 열린 제 25차 기후변화당사국 총회COP25의 핵심 의제는 '행동해야 할 시간Time for Action'이었다. 조 바이든 미국 대통령은 2021년 4월 22일 지구의 날에 맞춰 기후정상회의Leaders Summit on Climate를 개최해, 더욱 적극적으로 기후변화에 대응할 것을 각국 정상 들에게 호소했다.

탄소중립의 기본 개념

인간이 배출하는 탄소가 많아져 지구의 탄소 순환 체계가 처리할 수 있는 수준을 넘기면, 대기 중에 탄소가 축적된다. 이는 온실효과와 기후변화로 이어진다. 그렇다고 현대 문명사회에서 탄소 배출을 0으로 만들겠다는 목표는 비현실적이다. 하지만 배출을 줄여가면서, 배출된 탄소를 흡수·제거하는 것은 가능하다. 이러한 노력을 지속하다 보면, 어느 시점부터 배출한 만큼 흡수·제거해 탄소 순 배출이 제로가 되는 단계에 도달할 수 있다. 이것이 바로 탄소중립의 기본 개념이다.

탄소중립 기술도 마찬가지다. 탄소 배출을 줄이는 기술, 그리고 이미 배출된 탄소를 흡수·제거하는 기술이 있다. 먼저 탄소 배출을 줄이려면 에너지부터 바뀌어야 한다. 2018년 우리나라가 배출한 온실가스 7억 2,760만 톤 가운데 6억 3,240만 톤

(86.9퍼센트)이 에너지 부문에서 나왔다. 석탄·석유 같은 화석연료가 큰 비중을 차지하기 때문이다. 다른 나라도 크게 다르지 않다. 전 세계 에너지원에서 석탄과 천연가스가 차지하는 비중은 60퍼센트를 넘어선다(2018년 석탄 38.4퍼센트, 천연가스 23.2퍼센트).

결국 화석 에너지를 줄이고 신재생에너지를 확대해야 한다. 신재생에너지 관련 기술에는 태양광발전, 풍력발전, 그린 수소, 바이오 연료가 있다. 신재생에너지의 특징 중 하나는 에너지 생산량의 변동성이다. 특히 태양광과 풍력은 기상 상황에 크게 의존한다. 이러한 단점을 보완해 안정적으로 전력을 공급하려면 새로운 전력 체계가 필요하다. 바로 스마트그리드가 이런 역할을 할 것이다. 또한 전력이 많이 생산될 때는 저장해두었다가, 전력 생산이 부족할 때 보충하기 위해 수소 및 2차 전지를 활용한 에너지 저장 시스템도 중요해졌다.

더불어 인간의 모든 경제 영역에서 에너지 소비를 효율화하고 탄소 배출을 줄여나갈 필요도 있다. 특히 탄소를 많이 배출하는 산업 분야, 대표적으로 석유화학·철강·시멘트 산업의 탈탄소 전략과 이를 뒷받침하는 친환경 공정은 머지않은 미래에 기업 성장의 필수 요건이 될 것이다. 일상생활과 관련해서는 전기 차, 수소 차 같은 친환경 교통·운송 수단과 도심 건물의 에너지 소비를 줄이는 제로 에너지 건물의 보급이 확대되어야 한다.

탄소를 흡수·제거하기 위한 기술에서는 탄소 포집도 중요하지만, 포집한 탄소를 저장하고 활용하는 기술도 필요하다. 우리나라의 경우 탄소 포집 기술은 어느 정도 개발된 반면 탄소를 저장할 수 있는 공간이 전무하다. 따라서 탄소를 포집한 이후 유용한 화학 원료나 건축자재 생산에 곧바로 활용하는 기술이 주목받고 있다. CCUS 기술은 신재생에너지의 확대와 함께 탄소중립 시대로 진입하기 위한 또 하나의 중요한 축이 될 것이다.

탄소중립을 위한 기술혁신

그렇다면 탄소중립 실현을 위해서는 어떤 기술혁신이 필요하며, 실제로 시도되고 있을까? 탄소중립 분야의 기술혁신은 세 가지 측면으로 나눌 수 있다. 첫번째는 친환경 에너지 전환이다. 정부의 제3차 에너지 기본 계획에 따르면, 우리나라의 화석연료 의존도는 2017년 66퍼센트로 나타났다. 이는 우리가 사용하는 전력의 66퍼센트가 화석연료에서 만들어진다는 뜻이다. 신재생에너지의 비중을 대폭 늘리는 것이 대안이지만, 신재생에너지의 전력 생산 효율은 아직 화석연료를 대체할 수준이 못 된다. 태양광발전은 중국의 저비용 태양전지에 기술적 우위를 차지하기 위해 태양전지의 효율을 향상시켜야 하고, 풍력발전은 해외 의존도를 낮추는 동시에 대형화라는 세계 추세에 맞게 기술을 개발해야 한다. 생산 단가가 높은 수소 기술은 경제성을 확보해야 하는 과제가 있다.[1]

둘째는 에너지 수요 관리 측면이다. 오래되어 에너지 효율이 낮은 설비를 보수·교체할 때 적용할 수 있는 고효율 기술과 더불어, 공장 에너지 관리 시스템의 도입이 제조업 부문에 필요하다. 이 밖에도 건물 부문에서는 LED와 사물 인터넷 기술이 결합된 조명 시스템, 건물 에너지 관리 시스템 등을 통해 에너지 효율을 개선할 수 있고, 수송 부문에서는 자동차 연비 개선 및 지능형 교통 시스템 등의 혁신 기술이 가능하다.[2]

셋째는 배출된 탄소의 흡수 측면이다. 탄소를 흡수하는 방법에는 두 가지가 있다. 하나는 산림을 통해 자연적으로 흡수하는 것이다. 이 방법은 친환경적이지만, 효율이 낮고 적용 범위가 한정적이라는 단점이 있다. 다른 하나는 이산화탄소를 인위적으로 포집해capture 흡수하는 것이다. 이때 필요한 것이 이산화탄소 포집·활용·저장Carbon Capture, Utilization and Storage, CCUS 기술이다. 하지만 지금의 CCUS 기술은 탄소 포집 효율이 낮고 비용이 커서, 이를 개선하는 혁신 기술이 요구된다.

이처럼 탄소중립을 위해 각 요소마다 기술혁신이 필수적이지만, 이를 산업 현장에 적용하는 것은 또 다른 문제다. 현재 기업의 생산과정에 구축된 기술적 효율은 이미 경제성에 최적화되어 있어, 신기술 도입을 통해 온실가스 감축과 경제적 이익을 동시에 달성하는 것은 매우 어려운 일이다. 다양한 연구개발이 시도되었으나 대부분 실패했으며, 현재는 CCUS나 재생에너지에서 일부 활용 가능한 분야에 국한된 실정이다. 탄소중립 기술이 기업 현장에 활용될 수 있게끔, 보다 적극적인 규제 완화와 경제적 지원이 필요한 상황이다.

탄소중립 정책이 점차 전 세계적으로 보편화되면서, 국내 기업은 더욱 어려운 환경에 놓여 있다. 유럽연합은 탄소 국경 조정 제도를 2023년부터 시행하고, 해외 글로벌 대기업들은 기업에 필요한 전력의 100퍼센트를 재생에너지로 공급한다는 RE100 캠페인에 참여하고 있다. 따라서 이들 기업에 제품을 공급하는 기업들 또한 동일한 탄소중립 의무를 지게 됐다. 이러한 변화는 우리나라 기업에 새로운 수출 장벽으로 다가오고 있는 만큼, 이를 극복하기 위한 국가 전략이 시급한 상황이다.

탄소 국경 조정 제도 Carbon Border Adjustment Mechanism

탄소 배출에 대한 국가 간 감축 의욕 차이 보정을 위해 유럽연합으로 수입되는 제품 중 이산화탄소 배출이 많은 국가에서 생산된 제품에 관세를 부과하는 조치다. 탄소 배출량 감축 규제가 강한 국가는 규제가 덜한 국가에 비해 생산 비용이 상승해 기업이 타국으로 이전하거나 경쟁국의 생산을 증가시키게 되는 등의 피해를 보는 문제가 있어 이러한 불균형 해소를 위해 2023년 시범 도입을 추진 중이다. 탄소세를 직접 매기는 방식과 모든 제품에 일괄적으로 과세한 뒤 탄소 배출이 적은 기업에 환불해주는 방식 두 가지가 있다.

RE100

'재생에너지Renewable Energy 100퍼센트'의 약자로, 기업이 사용하는 전력량의 100퍼센트를 2025년까지 재생에너지로 전환하자는 국제 캠페인이다. 2014년 영국의 다국적 비영리기구 더 클라이밋 그룹과 탄소공개프로젝트가 처음 제시했다.

파리협정 이후 달라진 시장과 정부 정책에 기업도 발 빠르게 대응하면서, 기업 경영에 탄소중립을 반영하는 추세가 강해지고 있다. 2014년 영국 런던 소재의 다국적 비영리 기구 더 클라이밋 그룹은 재생에너지 100퍼센트라는 뜻의 RE100 캠페인을 시작했다. 연간 100기가와트시 이상 전력을 소비하는 기업을 대상으로 하는 이 캠페인은, 이름 그대로 기업 활동에 필요한 전력을 100퍼센트 재생에너지로 충당하자는 목표를 담고 있다. 구체적으로는 2030년 60퍼센트, 2040년 90퍼센트, 2050년 100퍼센트 재생에너지 전환을 권고하는데, 기업의 자발적인 참여로 진행되는 점이 특징이다. 국제단체인 CDP위원회에 RE100 선언을 등록한 기업은 매년 재생에너지 사용 실적을 위원회에 공개한다.

2022년 5월 기준 RE100에는 구글, 애플, BMW 등 370여 개 기업이 참여하고 있으며, 우리나라에서는 SK그룹 계열사 8곳과 LG에너지솔루션 등 19개 기업이 동참했다. 이처럼 기업이 적극적으로 나서는 데는 탄소 배출권을 다량 확보하려는 목적도 있지만, 국제 신용 평가사나 투자사의 기업 경쟁력 평가에 기후변화 대응 지표가 포함된 점도 큰 요인으로 작용하고 있다.

하지만 이들 글로벌 기업이 협력 업체들에도 RE100 동참을 요구하면서, 재생에너지 공급 부족으로 RE100 이행이 쉽지 않은 우리나라 입장에서는 새로운 무역 장벽이 될 수 있다는 우려도 있다. 가령 BMW는 부품 납품의 조건으로 LG화학에 RE100 요건을 충족하라고 요구한 바 있다. 삼성SDI는 신재생에너지 사용이 가능한 해외로 공장을 옮겼고, 애플, 폭스바겐, GM 등의 국내 협력

업체들도 RE100에 동참해야 하는 상황에 직면할 것으로
예상된다. 이에 정부는 우리나라 기업이 RE100에 참여할
수 있는 기반을 마련한다는 취지로 재생에너지 사용을
활성화하는 한국형 RE100 제도를 추진하고 있다.

이미 2012년에 탄소중립을 달성한 마이크로소프트는
2025년까지 100퍼센트 재생에너지로 사무실과 공장을 가동하고,
2030년까지 회사의 업무용 차량을 모두 전기화한다는 계획을
밝혔다. 또한 탄소 처리 기술 개발에 투자할 10억 달러 규모의 기후
혁신 기금을 조성했다. 2030년까지 달성할 '탄소 네거티브 Carbon
Negative' 계획도 제시했는데, 이는 배출되는 양보다 더 많은 탄소를
제거해 탄소 순 배출량을 마이너스로 만든다는 의미다. 더 나아가
1975년 창사 이후 회사가 배출한 모든 양만큼 2050년까지
지구상의 탄소를 제거하겠다는 목표도 선언한 바 있다.

애플은 제품 생산을 비롯한 기업 활동 전반이 기후변화에
미치는 순 영향을 0으로 줄인다는 탄소중립 목표를 2020년에
발표했다. 이 목표는 2030년까지 탄소 배출을 75퍼센트 저감하고,
부문별로 혁신적인 탄소 저감 솔루션을 개발해 나머지 25퍼센트도
줄여나가겠다는 내용을 골자로 한다. 글로벌 석유 회사인 영국
브리티시퍼트롤리엄은 2019년 한 해 전기 차 배터리 충전 시스템과
태양광 시스템을 비롯한 저탄소 기술에 5억 달러를 투자했다고
밝히면서, 2050년까지 탄소중립을 달성하겠다고 선언했다.
세계적인 네덜란드 정유사 로열더치쉘은 천연가스 기업을 인수하는
등 석유 부문을 줄여나가면서 2050년까지 탄소 배출을 절반으로
줄이겠다는 계획이다. 프랑스 에너지 기업 토탈 또한 태양광 기업과
그린 에너지 공급사 람프리스 등을 인수하며 재생에너지 비중을
키우고, 매년 5억 달러를 재생에너지에 투자한다고 밝혔다.

기업들의 이런 움직임은 주요국 정부가 벌이는 탄소중립 주도권
경쟁과도 맞물려 있다. 먼저 유럽연합은 2023년 탄소 국경 조정

제도 시행을 추진하고 있다. 수입 제품이 유럽연합 회원국의 제품보다 탄소 배출이 많은 경우에는 세금을 부과하는 제도로서, 철강이나 자동차, 석유화학 등 탄소 배출이 많은 산업군이 주력 수출 분야인 우리나라에 직격탄이 될 것으로 보인다. 미국도 조 바이든 대통령이 기후·환경 의무를 제대로 이행하지 않는 국가의 집약적 상품에 대해서는 탄소 국경 조정세나 쿼터를 부과할 수 있다며 관련 내용을 통상 정책 보고서에 담아 의회에 제출한 바 있다.

이러한 환경에서 기업의 탄소중립 노력은 규제 대응 차원을 넘어, 최근에는 사회적 책임과 친환경을 강조하는 경영으로 진화하고 있다. 이른바 ESG Environment Social Governance 경영이 화두가 된 것이다. 기후변화에 소비자의 관심이 늘어나면서 지속 가능 제품에 대한 선호도가 높아지고, 기업의 지속 가능 경영에 대한 정보공개 요구도 증가하고 있기 때문이다. 투자자들 또한 ESG 경영을 투자 포트폴리오에 적극 반영하는 추세다.

피델리티, 슈로더 같은 글로벌 자산 운용사는 자금 운용을 탄소중립 실현에 맞춰가기로 했으며, 특히 세계 최대 자산 운용사인 미국 블랙록은 탄소 배출 억제에 동참하지 않는 기업에 대한 투자 중단을 경고한 바 있다. 이처럼 탄소중립은 환경 이슈를 넘어, 기업은 물론 국가 경쟁력과 생존 문제가 되고 있다.

2부

────────

새로운 에너지원을
찾아서

온실가스 감축은 기후변화 해결을 위해 빼놓을 수 없는 숙제다. 이에 대한 답으로 제시된 것이 탄소중립이다. 어째서 탄소일까? 기후변화를 일으키는 대표적인 온실가스이기 때문이다. 지구의 자체적인 탄소 순환 체계에서는, 과도한 양의 탄소가 대기 중에 머무르며 온실효과와 이상기후를 유발하는 일이 없다. 이런 현상이 일어난 것은, 인간의 산업 활동으로 인해 탄소 배출량이 급격히 증가하면서부터다. 이를 뒤집어보면, 기후 위기를 돌이키는 데 인간의 힘이 개입할 여지가 있다는 뜻이 된다. 우리가 바람이나 지구 자전을 멈추게 할 수는 없지만, 우리의 노력으로 대기 중의 탄소 정도는 줄일 수 있는 것이다.

탄소 배출을 줄이려면 먼저 에너지원을 바꿔야 한다. 현대 문명의 필수 요소인 전기는 상당 부분 화력발전으로 만들어진다. 이 과정에서 어마어마한 양의 탄소가 대기 중으로 쏟아져 나온다. 그렇기 때문에 탄소중립을 위해서는 화석연료 대신 전기를 만들어낼 새로운 에너지원을 개발하고 실용화하는 것이 중요하다.

석탄이나 석유를 대체할 여러 신재생에너지들이 속속 등장하고 있다. 이 에너지원들로부터 전력을 얻는 방법은 제각기 다르며, 효율이나 적합성, 기술력의 차이도 있다. 이곳에서는 그처럼 다양한 종류와 방식들을 비교해보고, 기술적으로 해결할 수 있는 부분들과 극복해야 할 문제들을 살펴본다.

태양광발전

태양에너지는 태양으로부터 오는 빛과 열 형태의 복사에너지*로 정의된다. 섭씨 1,500만 도 이상의 태양 중심부에서 생성된 에너지는 1억 5,000만 킬로미터 거리를 지나 지구 대기에 이른다. 이 중 지표면에 도달하는 절반가량이, 우리가 이용할 수 있는 에너지원이 된다. 한 시간 동안 지구에 도달하는 태양에너지는 세계 전체 인구의 연간 에너지 소비량에 근접한다. 즉 재생에너지로서 잠재성이 매우 크다고 할 수 있다.[1] 태양광발전은 태양 빛이 존재하는 어디든 가능하다. 지속적이고 반영구적이며, 소음이나 오염 없이 전기를 생산한다는 점에서 안전한 청정에너지 기술이다.

태양광발전은 1헥타르에 설치 가능한 발전설비 용량으로 이

---

* 핵융합에 의해 생성된 태양 에너지가 적외선이나 자외선, 가시광선 등의 형태로 전파되는 것이다.

산화탄소를 연간 약 603톤 줄이는 효과가 있다고 알려져 있다. 이는 동일 면적에 나무를 심었을 때 저감 효과(약 6.2톤)의 45배 수준이다. 게다가 전기 수요가 있는 장소에 직접 설치하기 때문에, 송전 설비 없이 분산 형태로 전기를 만들 수 있다. 다른 에너지원에 비해 유지 보수 비용이 낮고, 자동 운전과 무인 가동이 가능해 비용 절감 차원에서도 잠재적인 경쟁력이 크다.[2]

태양광발전의 과거와 현재

태양광발전의 핵심 장치는 태양전지로서, 태양광 에너지를 전기로 변환하는 역할을 한다. 반도체와 광기전 효과가 그 원리인데, 광기전 효과란 특정 주파수 이상의 빛을 금속 같은 물질에 쪼이면 전자가 방출되는 현상인 광전효과photoelectron effect 중에서도 주로 반도체에서 나타나는 효과다. 광전효과에 의해 물질에서 전자가 튀어 나오게 되면, 반도체의 특성 때문에 전자가 있는 쪽과 없는 쪽 사이에 전위차가 생기면서 전류가 흐르게 되는 현상을 가리킨다. 즉 빛으로 반도체에서 전기를 생성할 수 있다는 뜻이다. 태양광발전이란 이처럼 태양전지의 반도체에서 발생하는 광기전 효과를 이용한 기술이다. 최초의 태양전지는 결정질 실리콘을 이용했다. 원자의 배열 방향이 일정하고 규칙적인 결정질 실리콘의 특성상 전자의 흐름이 방해받지 않아서, 태양광에서 전기에너지로의 변환 효율이 높기 때문이다.

기술 발전 단계를 시기별로 분류하면, 1940년대까지는 태양전지의 이론적 배경이 확립되는 기간이었다. 1928년 스위스 물리학자 펠릭스 블로흐가 단결정 소재에 대한 띠 이론^{band theory}을 발표했고, 1931년에는 영국 수학자 앨런 헤리스 윌슨이 고순도 반도체에 대한 이론을 정립했다.[3]

단결정 소재에 대한 띠 이론

띠 이론은 결정 등의 고체 상태로 분포하는 전자의 양자역학적 에너지 수준에 관한 이론이다. 펠릭스 블로흐는 단결정 소재에 대한 띠 이론을 통해, 무한에 가까울 정도로 많은 원자들도 물질 내에서 규칙적으로 배열되어 있다면(즉 단결정 상태를 이루고 있다면) 전자의 양자역학적 상태와 거동을 계산할 수 있음을 밝혔다. 이 이론은 이후 앨런 헤리스 윌슨이 반도체의 성질을 규명하는 이론적 기반을 제공했다.

1950년대에 접어들며 단결정 실리콘에 기반한 1세대 태양전지가 본격 생산되기 시작했다. 1954년 미국 벨 연구소는 약 4퍼센트 효율의 실용성을 갖춘 태양전지를 최초로 발표했다.[4] 이때 '4퍼센트 효율'이란 태양광 세기의 4퍼센트에 해당하는 전기를 생산한다는 뜻이다. 1955년 미국 기업 호프만 일렉트로닉스는 2퍼센트 효율의 태양전지를 개발해 1와트당 1,785달러에 판매했고, 이후 지속적으로 성능을 개선해 1957년에는 8퍼센트, 1959년에는 10퍼센트 효율의 1세대 태양전지를 상용화했다.

1960년부터 1980년까지는 우주 환경에서 태양전지를 사용하기 위한 기술이 발전하던 시기다. 1957년부터 1975년까지 이어진 미국과 구소련 간의 우주 경쟁으로 통신위성 텔스타 1호(1962), 유인우주선 소유즈 1호(1967), 우주정거장 살류트 1호(1971)와 스카이랩(1973)을 포함한 많은 발사체가 우주로 향했는데, 이들은 태양전지를 전원으로 사용했다.

　1976년은 비결정질 실리콘 기반의 2세대 태양전지가 개발된 해였다. 미국 RCA 연구소가 최초로 개발한 비결정질 실리콘 기반 박막 태양전지는 2.4퍼센트 효율로 광전변환을 했다.[5] 1세대 태양전지의 광활성층은 두께가 수백 마이크로미터㎛(1마이크로미터는 100만 분의 1미터다)에 달하는 데 반해, 박막형은 유리 등의 기판 위에 기체 상태의 실리콘을 붙여서 원자 수준의 박막으로 입히기 때문에 100배 가까이 얇게, 수 마이크로미터 두께를 이루게 된다. 이때 실리콘 원자 배열은 불규칙하게 흐트러져 있는데, 이 상태를 일컬어 비결정성이라 한다. 이렇게 제작된 비결정질 태양전지는 원자 배열에 규칙성이 없어 전자의 흐름이 원활하지 못하다. 그만큼 변환 효율이 결정질 태양전지에 비해 현저히 떨어진다. 그러나 실리콘을 아주 적게 사용하므로 가격이 저렴하고, 얇은 금속이나 플라스틱판을 기판으로 사용하면 잘 휘기 때문에 활용도가 높다는 장점이 있다.

　1980년부터 1999년까지는 1세대와 2세대, 3세대 태양전지 기술이 동시에 발전한 시기다. 3세대 태양전지는 나노 입자,

유기 반도체, 염료, 페로브스카이트perovskite 같은 다양한 소재를 광활성층으로 사용하는 태양전지를 말하는데, 아직은 연구 단계에 있다. 1988년에는 미하엘 그레첼Michael Grätzel 교수와 브라이언 오리건Brian O'Regan 박사가 3세대 태양전지 중 하나인 염료 감응형 태양전지를 최초로 발명했다.[6]

2000년부터는 독일, 일본, 중국 등 다양한 국가가 태양전지 보급에 뛰어들었다. 독일 재생에너지법(2000)에 포함된 발전 차액 지원 제도는 유럽에 태양전지 시장이 형성되는 데 큰 역할을 했다. FIT는 태양전지로 생산한 전력 가격이 고시된 기준 가격보다 낮을 경우, 전력 가격과 기준 가격 간의 차액을 정부가 지원해 태양광발전 사업자의 고정 수익을 보장해주는 제도다. 중국에서는 2001년 선테크파워사가 설립되어, 정부 보조금과 값싼 노동력을 기반으로 태양전지를 양산했다.

세계 태양광발전 시장은 이처럼 꾸준히 성장해서 2019년에는 110~115기가와트 수준에 도달했다. 글로벌 수요도 확산되고 있다. 2015년 기준으로 연간 1기가와트 이상 설치한 나라는 6개국에 불과했으나, 2018년 13개국, 2019년 17개국으로 급증했다.

발전 단가는 2020년 이후 모든 에너지원 중 가장 경쟁력 있는 수준으로 내려갔다. 2020년 균등화 발전 원가*는 1메가

---

*   Levelized Cost of Electricty. 태양전지 설계부터 폐기까지 전력 생산과정에서 발생한 모든 비용을, 태양전지가 생산한 총 에너지 양으로 나눈 수치를 말한다.

와트시^{MWh}당 44달러로, 2014년 대비 4분의 1 수준까지 하락했다.[7] 이는 해상 풍력발전(2019년 53달러), 수력발전(2019년 47달러)과 비슷한 수준이며,[8] 향후 10년간 40퍼센트 정도 추가 하락이 예상된다. 우리나라에서도 2014~2020년 사이에 균등화 발전 원가가 30퍼센트 하락했다. 2030년까지 1메가와트시당 8~9만 원 수준까지 내려갈 것으로 보인다.[9]

각 나라별 태양광발전 현황

중국 태양광 시장조사 기관 피브이인포링크에 따르면, 전 세계 태양광 설비 설치 현황은 2020년 144기가와트 규모를 넘어섰다. 코로나19의 영향으로 인해 2020년에는 처음으로 세계 태양광 설비 수요가 역성장할 전망을 보였으나, 도리어 증가한 것으로 나타났다. 특히 2020년 12월 베트남과 중국에서 태양광 설비 설치가 급증한 것으로 조사됐다. 2021년에는 미국과 유럽 수요가 탄탄한 성장세를 지속하는 한편, 개발도상국의 수요도 전년 대비 두 자릿수 증가세를 기록하며 전 세계 태양광 신규 설치량이 184기가와트를 기록했다. 중국과 미국의 수요가 유지되고, 유럽이 에너지 안보 측면에서 태양광발전의 중요성을 부각하는 등, 태양광발전 수요는 당분간 지속해서 늘어날 전망이다.[10]

미국

미국의 태양광발전 시장은 '태양광 투자 세액공제'가 도입된

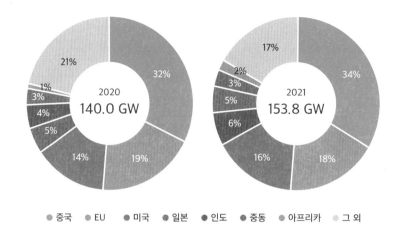

그림 2-1. 전 세계 태양전지 모듈 수요 현황(2020, 2021)
자료: PV InforLink, Wood Mackenzie.

2006년부터 지속적인 성장세를 보이고 있다. 태양광 투자 세액공제란 주거용·상업용 시설의 태양광 설비에 대해 2019년까지 30퍼센트, 이후 연간 단계적으로 26퍼센트, 22퍼센트, 10퍼센트의 세액공제를 적용하는 제도로서, 미국 연방 정부 차원에서 발효되었다. 미국 에너지관리청에 따르면 태양광발전은 2020년 미국 전체 발전량의 약 3퍼센트를 차지했으나, 이 수치는 2050년까지 20퍼센트 이상으로 급증할 전망이다. 특히 2022년 8월 12일 인플레이션 감축법이 미국 하원을 통과하면서 미국 태양광 투자 세액공제의 공제율 30퍼센트가 2032년까지 연장 적용되었다. 이에 따라 태양광발전의 성장세는 지속될 것으로 보인다.

중국

중국의 태양광 산업은 중앙정부 및 지방정부의 적극적인 지원을 받아 2013년부터 높은 성장을 보여왔다. 2017년에는 태양광 설비 신규 설치 용량이 53.06기가와트에 다다라 사상 최고치를 기록했다. 하지만 2018년 태양광발전 업계의 슬럼프에 신정책의 영향이 겹쳐지면서, 신규 설치는 감소세로 돌아섰다. 2019년에는 신규 설치 용량이 전년 대비 31.6퍼센트 하락해, 33.1기가와트를 기록하기도 했다. 따라서 2020년에는 30기가와트를 밑돌 것으로 예상됐으나, 가정용 태양광 설비 수요가 증가하고 코로나19 상황이 호전되면서 약 52.1기가와트가 설치되었다. 이러한 증가세가 지속되어, 2021년도 태양광 설치 규모는 69기가와트까지 올랐다. 게다가 최근 들어 20여 개 지방정부에서 건물 일체형 태양광발전Building Integrated Photovoltaics, BIPV 시스템 활성화를 위한 보조금 지급 및 우대 정책을 내놓으면서, 태양광 시장이 보다 활기를 띨 것으로 예상된다.[11]

유럽연합

유럽 태양에너지협회에 따르면, 2020년 유럽연합 회원국의 태양광 설치 용량은 전년 대비 11퍼센트 증가해 총 18.2기가와트 규모에 이른다. 이는 2011년(21.4기가와트) 이후 연간 최고 설치 용량에 해당한다. 독일(4.8기가와트), 네덜란드(2.8기가와트), 스페인(2.6기가와트), 폴란드(2.2기가와트), 프랑스(0.9기가와트) 등 주요 5개국이 유럽 태양광 설치 용량의 74퍼센트를 차지한다. 현재까지 유럽연합 회원국이 제출한 계획을 토대로 도출한 합의안인 국가 에너지·기후 계획안에 따르면, 앞으로 10년간 연평균 19.8기가와트 규모의 태양광 설비가 추가 설치될 것으로 예상된다. 국제에너지기구[IEA]는 2021년 유럽연합 회원국 전체의 태양광 개발 프로젝트에서 대규모 태양광 발전 설비가 41퍼센트를 차지하고, 2023~2025년에는 55퍼센트에 달할 것으로 내다봤다.[12]

일본

일본의 태양광 산업은 2012년 재생에너지 발전 보조금 제도(발전 차액 지원 제도)를 도입한 이후 설치 용량이 꾸준히 증가해, 2012년 6.7기가와트에서 2019년 53.3기가와트까지 확대됐다.

일본 태양광발전협회는 2050년까지 누적 설치 용량의 목표치로 300기가와트를 제시했다. 신규 설치를 유도하기 위한 발전 차액 지원 제도와 프리미엄 지원 제도*는 2030년에 종료하며, 이후에는 유인책 없이도 각 개인이 자발적으로 자가 발전·소비를 위해 신규 설비를 도입함으로써 목표치를 달성한다는 구상이다.[13]

---

*   Feed-in Premium, FIP. 생산한 전력을 시장가격으로 판매할 때 할증(프리미엄)으로 보조금을 가산하는 방식이다. FIT 제도가 재생에너지의 보급을 촉진하는 목적이라면, FIP 제도는 재생에너지의 자립을 유도해 자유경쟁 체제에 안착시키는 것을 목적으로 한다.

우리나라의 태양광 현황

비교적 후발 주자인 우리나라는 2017년 12월 '재생에너지 3020 이행계획'을 발표한 이후, 재생에너지 보급을 속도감 있게 이루었다. 그 결과 2020년에는 태양광발전 부문에서 누적 설치 용량 기준으로 세계 9위에 올랐다. 한편 정부는 2020년 7월 미래 성장 동력으로서 재생에너지의 중요성을 반영한 '한국판 그린 뉴딜'을 발표해, 2025년까지 태양광발전과 풍력발전 설비 규모 목표치를 2019년 12.7기가와트의 세 배 이상으로 상향했다.[14] 또한 '태양광 연구 개발 혁신 전략'이 그린 뉴딜의 큰 비중을 차지하는 만큼, 향후 5년간 고효율 태양전지 개발과 신시장·신서비스 창출, 저단가 공정 기술 개발에 약 1,900억 원을 투자하고, 탠덤 태양전지*는 효율을 2023년 26퍼센트, 2030년 35퍼센트까지 달성하겠다고 밝혔다.[15] 이러한 기조에서 국내 태양광 분야는 영농형, 수상형, 건물형 같은 특화 시장을 비롯해 계획 입지 제도** 활용, 주민 참여 프로젝트 추진 등 보다 다양한 사업 형태를 갖출 것으로 전망된다.

* tandem solar cell. 상호 보완적으로 흡수하는 두 개 이상의 광흡수층을 수직으로 배치한 형태의 태양전지를 말한다. 광흡수층으로 한 층을 사용하는 단일 접합 태양전지에 비해 투과되거나 열로 손실되는 에너지를 최소화해, 최대 효율을 크게 끌어 올리는 장점이 있다.

** 정부나 지방자치단체 등이 공공의 목적으로 조성한 사업 지구에서 토지를 분양 또는 임대받아 신재생에너지 단지를 조성하는 제도.

영농형 태양광발전

우리나라는 국토의 70퍼센트가 임야, 20퍼센트가 농지, 10퍼센트는 도로, 강, 도시 지역의 유휴 부지에 속한다. 그런데 태양광발전 시설은 주로 임야에 들어서면서 환경 파괴나 경관 훼손, 막대한 비용까지 뒤따르고 있다.[16] 사정이 이렇다 보니 최근에는 농지에 태양광발전 시설을 짓는 방안이 주목받고 있다. 이른바 영농형 태양광발전 시스템이다. 농작물 재배와 태양광발전을 동시에 함으로써 토지 활용을 극대화할 수 있다는 장점이 있다. 농지 전체에 태양광발전 시설을 적용한다면 약 574.6기가와트의 발전 용량이 확보된다. 이는 2021년 국내 전체 발전설비 용량 134기가와트의 약 4.3배 수준이다.[17]

영농형 태양광발전은 작물 생장에 필요한 일조량을 최대한 유지하면서, 여분의 빛 에너지로 전기를 만드는 구조다. 농작물의 광포화점을 초과하는 빛 에너지로 전력을 생산하는 것이다. 이처럼 잉여 태양광 에너지로 발전 수익을 넘으로써 농가 수익을 높여주는 효과를 기대할 수 있다.[18] 국내에서는 솔라팜이 2016년 최초로 사업화한 이래, 많은 연구 기관이 영농형 태양광발전을 실증하고 있다.[19]

수상형 태양광발전

태양광발전 시설이 빠르게 늘어나면서 그만큼 많은 부지가 필요해지고, 자연환경이 훼손될 가능성이 높아졌다. 따라서 수상형 태양광발전이 하나의 대안으로 떠오르고 있다. 이 방식은 명칭 그대로 수면 위에 태양광발전 시설을 설치한다. 영농형과 크게 다르지 않으나, 초기 투자 비용이 높은 편이다. 태양전지 모듈에 방수 기능을 갖춰야 하고, 수면 위 고정된 위치에 부유하게끔 복합 구조물을 추가로 설치해야 하며, 그 외에도 환경 영향을 최소화하기 위해 수질 개선 시설, 수생태계 다양성을 위한 침수형 인공 섬, 인공 산란 시설 및 치어 피신처 등 다양한 부속 시설이 요구될 수 있기 때문이다.

하지만 환경을 훼손하지 않을뿐더러,[20] 태양광으로 인한 온도 상승이 육상형보다 현저히 낮다. 이는 태양전지 효율 측면에서 장점이 된다. 온도가 높아질수록 태양전지의 전압에 영향을 주는데, 이로 인해 섭씨 1도가 오를 때마다 0.5퍼센트가량 효율이 감소하는 것으로 알려져 있다. 반면 온도 상승이 적은 수상형은 수면의 냉각 효과 덕분에 발전 출력이 10퍼센트가량 증가한다는 연구 결과가 보고되었다.[21] 이처럼 수상형 태양광발전 시설은 매력적인 대안이지만, 강풍과 습기에 내구성을 갖는 저가 소재의 개발, 설비 및 시공 단가 절감이라는 과제는 여전히 안고 있다.

우리나라가 지방자치단체나 한국농어촌공사 소유의 저수지, 다목적댐 저수지를 대상으로 국내 저수 면적의 5퍼센트(69제곱킬로미터)를 수상형 태양광발전에 활용한다면, 약 4.17기가와트를 확보할 수 있다. 이는 100만 킬로와트급 원자력발전소 네 기에 해당하는 발전량이다. 국내 최초의 수상형 태양광발전 시스템은 2012년 한국농어촌공사가 전북 부안군 청호저수지에 설치한 30킬로와트급 발전소다. 이후 많은 국내 기업이 참여해 2015년에는 한국농어촌공사와 LG CNS의 협업으로 경북 상주시 저수지 두 곳에 각기 3메가와트씩, 총 6메가와트 규모로 세계 최대 수상형 태양광발전소를 구축했다.

BIPV 시스템

우리나라는 2020년부터 연면적 1,000제곱미터 이상의 공공 건물에 대해 제로에너지 건축을 의무화했다. 제로에너지는 고단열, 고기밀(공기의 유입·유출을 막아주는 정도) 등에 필요한 기술을 도입해 건축물의 에너지 소요를 최소화한다는 의미다(이에 대해서는 4부 1장 참조). 태양광을 비롯한 신재생에너지로 전기를 생산·공급함으로써, 최종적으로는 화석연료 사용을 제로화하는 것이 목표다. 이러한 정책 흐름에 따라 최근에는 태양전지 모듈을 건물 외장재에 적용하는 건물 일체형 태양광발전, BIPV가 관심을 모으고 있다.

BIPV는 태양전지 모듈을 건물 외벽재, 지붕재, 창호재 등에 활용하기 때문에, 기존 영농형이나 수상형 태양광발전 시설처럼 별도의 설치 공간이 필요하지 않다는 장점이 있다. 다만 태양전지 본연의 성능은 물론 건축 자재가 갖는 특성부터 심미성에 이르기까지 다양한 요소를 구현해야 한다.[22] 이에 최근 몇 년 사이 BIPV 분야에서는 심미성에 무게를 두어 히든 PV 또는 인비저블 PV로 불리는, 이른바 컬러 BIPV 모듈 기술이 큰 관심을 모으고 있다.[23]

세계 BIPV 시장은 2013년부터 2019년까지 연평균 18.7퍼센트 성장했으며, 2021년에는 설치 용량 1.6기가와트(27억 달러)를 달성했다. 국내는 지원 정책 확대에 따라 시장이 성장하고 있으며, 2020년 1,298억 원에서 2023년에는 5,218억 원에 이를 것으로 보인다. 하지만 BIPV 시스템에 관한 국내 표준이 없는 데다 설치 기준도 명확하지 않아, BIPV 산업의 활성화를 위해서는 보다 현실적인 정책 개정이 필요한 상황이다.

태양광발전의 난제

최근 10년간 급속히 발전했음에도 불구하고, 태양광발전 기술은 몇 가지 제약 요소를 안고 있다. 먼저 햇빛이 드는 낮 시간에만 발전 가능하다. 결정질 실리콘 태양전지는 낮은 조도에서 발전량이 급감한다는 근본적인 문제점이 있다. 우리나라처럼 비교적 흐린 날이 많고 황사나 미세먼지에 많은 영향을 받는 지역은 불리하다. 다른 재생에너지원에 비해 에너지 밀도가 낮은 것도 제약 요소다. 발전량이 햇빛에 노출되는 면적에 비례하는 만큼 큰 설치 면적을 필요로 하기 때문이다. 지역별 일사량에 의존할 수밖에 없고, 일부 음영이 지는 곳에서는 효율이 떨어지는 공간적인 제약도 있다.

따라서 넓게 트인 벌판이나 사막에 설치하는 것이 세계적인 추세다. 우리나라처럼 산이 많고 협소한 지형에서는 결국 산을 깎거나 농지를 변경해 태양광발전 부지를 마련하는 경우가 많을 수밖에 없다. 산림청에 따르면 태양광발전 시설로 사라진 숲은 2018년 기준 2,443만 제곱미터로, 이는 축구장 3,300개 넓이에 달한다. 허가 면적으로 보면, 2010년 30헥타르에서 2017년 1,434헥타르로 47배 이상 늘었다.

이처럼 산지에 설치된 태양광발전 시설은 결과적으로 토사 유출과 자연녹지 훼손, 생태계 파괴 같은 다양한 환경문제를 야기한다. 실제로 장마 기간에 산지 태양광발전 시설 여러 곳에서 산사태 양상이 확인되었으며, 2020년 여름에는 경북 성주군과 고령군, 전북 남원시, 강원 철원군, 충남 천안시, 충북 충주시 여섯 곳의 산지 태양광발전 시설에서 토사가 유실돼 옹벽이 붕괴되거나, 주변 농가에 피해를 입힌 사례도 보고되고 있다. 이러한 문제로 최근 정부에서는 태양광 시설 인허가 규정을 강화하는 한편, 산지에서의 설치를 제한하고 있다.

수명이 다한 태양광 패널 처리도 문제로 지적된다. 태양에너지 자체는 무한한 에너지원이지만, 태양광 패널은 발전 과정에서 온도 과열로 인해 수명이 짧아진다. 통상 원자력발전소의 수명이 60년이라면, 태양광발전 설비의 수명은 20년 정도다. 수명이 다해 버려진 패널은 납, 카드뮴, 인듐, 구리 같은 다양한 종류의 중금속 누출이라는 환경문제를 야기한다. 자연에 누출된 중금속은 대기와 수질, 토양을 오염시키는데, 이러한 환경에서 자란 농수산물은 인간에게 치명적인 영향을 줄 수 있다.

친환경 에너지 시대에 태양광발전이 나아갈 방향은 단순히 기존 태양전지를 고효율로 개선하는 수준을 넘어, 에너지 수요처에 적극 대응하는 독자적 기술 개발이라고 할 수 있다.

첫째, 우리나라처럼 협소한 지형에서 태양광발전의 효율을 높이려면 도심 건물 외벽에 설치하는 태양전지가 많아져야 한다. 기존 결정질 실리콘 태양전지는 무게가 무겁고, 형태에 제약이 있으며, 건축법상의 제한으로 인해 건물에 자유롭게 설치하기 어렵다. 심미성이 좋지 않아 소비자에게 친화도가 낮다는 문제점도 있다. 반면 탄소, 질소, 산소 등으로 이뤄진 유기 반도체 기반의 태양전지는 두께가 매우 얇아 가벼우면서도 잘 휘어서, 곡면 등 다양한 형태의 벽면에 적용할 수 있다. 태양전지의 투명성이 높고 컬러 구현이 비교적 용이한 것도 장점이다.

둘째, 태양광발전은 인터넷으로 사물이 연결되고 자율 주행 전기 차로 이동이 자유로워지는 스마트시티*의 유력한 에너지원이다. 반도체를 비롯해 IT 기술이 발달한 우리나라는, 다른 산업과 쉽게 융합할 수 있는 태양광 기술을 IT 기술과 접목시킴으로써 친환경 에너지 분야에서 경쟁력을 갖출 수 있다. 태양광 장치는 다양한 사물에 탈·부착하기 쉬운데, 이를 모바일

---

* smart city. 아직 통일된 정의는 없으나, 여러 문헌을 종합하면 도시에서 이뤄지는 다양한 서비스(교통, 환경, 안전, 주거, 복지 등)에 ICT를 접목해 기존의 문제를 해결하는 '똑똑한 도시'를 의미한다.

기기에 적용해 태양광에 직접 노출하지 않고도 간접적인 빛으로 발전할 수 있게 하는 태양전지 기술 등을 예로 들 수 있다.

셋째, 전원이 공급되어야 하는 대상에 대한 맞춤형 기술 개발도 필요하다. 예를 들어 건물 외벽이나 자동차 표면 자체가 태양전지 기판이 되는 것이다. 이를 위해서는 인쇄 공정만으로 태양전지의 모든 구성 요소를 상온에서 제작하는 기술이 요구된다. 태양광 페인트는 2015년 빌 게이츠가 미래 유망 에너지 기술 세 가지 중 하나로 꼽은 기술이다. 건물 벽이나 자동차, 휴대전화 표면에 바르는 것만으로 태양광발전이 가능하다. 빌 게이츠는 이러한 미래 기술 개발을 위해 알리바바의 마윈, 메타의 마크 저커버그와 함께 100억 달러가 넘는 기금을 조성한 바 있다.

석탄과 석유로 에너지를 만드는 시대에는 거대한 자본과 설비가 필요했다. 생산자와 공급자가 분리되어, 국가 경제뿐 아니라 개인의 생활에도 막대한 영향을 미쳤다. 그러나 미래 친환경 시대의 태양광발전 기술은 누구나 쉽게 에너지의 생산자가 되는 진정한 에너지 독립화 시대를 앞당길 것이다.

풍력은 태양광과 함께 규모가 전 세계적으로 가장 큰 신재생에너지다. 탄소중립을 실현하는 과정과 맞물려 꾸준히 증가하고 있는 풍력발전은 2050년 가장 큰 비중(약 35퍼센트)을 차지하는 에너지원이 될 것으로 전망된다.[1] 국내 보급은 아직 더딘 편이지만,[2] 정부는 제5차 신재생에너지 기본 계획*을 통해 2022년 10.2퍼센트인 풍력발전 비중을 2030년까지 31.9퍼센트로 높이겠다고 발표했다.

풍력발전의 원리

풍력발전은 바람의 운동에너지를 전기에너지로 변환하여 전

＊ 신재생에너지 기본 계획은 신에너지 및 재생에너지 개발·이용·보급 촉진법 제5조에 따라 5년마다 수립되는 신재생에너지 분야의 중·장기 목표 이행 방안이다. 에너지 분야 최상위 계획인 에너지 기본 계획과 연동하여 추진한다.

력을 생산하는 방식을 일컫는다. 보통은 수십 대의 풍력발전기가 모인 풍력발전 단지를 조성해 전력을 생산한다. 풍력발전은 대부분 지표면을 따라 수평으로 부는 바람을 이용한다. 위에서 아래로, 아래에서 위로 부는 수직 방향의 바람보다, 수평으로 부는 바람의 속도가 훨씬 빠르기 때문이다.

바람이 셀수록 당연히 더 많은 전기를 만들 수 있다. 여기서 센 바람이란 우선 속도가 빠른 바람이다. 풍력 발전량은 풍속의 세제곱에 비례한다. 예를 들어 풍속이 초속 4미터인 바람과 초속 8미터인 바람은 풍속 차이가 두 배이므로, 발전량은 2의 세제곱인 여덟 배 차이가 난다.

공기 밀도가 높은 바람도 센 바람이다. 공기 밀도는 보일-샤를의 법칙에 따라 온도가 낮을수록, 압력이 높을수록 증가한다. 따라서 풍속과 고도가 같다면, 적도 부근보다 남극에 있는 풍력발전기가 더 많은 전기를 생산한다. 만일 풍속과 온도가 같다면, 기압이 낮은 산꼭대기보다 해수면 높이에 있는 풍력발전기가 더 많은 전기를 생산한다.

풍력발전은 신재생에너지원 가운데 꽤 높은 발전 효율을 보인다. 화석연료 발전과 비교해도 부족하지 않은 수준이다. 풍력발전기의 날개가 돌아가는 면은 둥그런 원 모양을 이루는데, 원 안으로 지나가는 바람 에너지를 100퍼센트라고 한다면 풍력발전은 대략 45퍼센트의 바람 에너지를 흡수해서 전기를 만든다. 이 변환 효율은 베츠의 법칙에 따라 이론적으로 59.36퍼센트를 넘을 수 없다. 따라서 이 비율에 근접하려는 설계 및 부품 기술의 발전이 꾸준히 이뤄지고 있다.

보일-샤를의 법칙 Boyle-Charles' Law

기체의 부피·온도·압력 사이의 관계를 규정한 가장 일반적인 법칙. 기체의 부피는 압력에 반비례하고, 절대온도에 비례한다는 내용이다. 전자를 보일의 법칙, 후자를 샤를의 법칙이라고 한다. 이 법칙에 따르면, 질량이 같더라도 온도가 낮고 압력이 높을수록 부피가 작아지면서 기체의 밀도는 더 높아진다.

베츠의 법칙 Betz's Law

풍력 터빈 기술의 선구자로 꼽히는 독일 물리학자 알베르트 베츠 Albert Betz가 1919년 제시한 법칙. 바람을 전기에너지로 변환하는 효율은 약 59.36퍼센트를 넘을 수 없음을 증명했다. 한편 태양광은 15~20퍼센트, 지열은 10~20퍼센트, 바이오매스는 20퍼센트 수준이다. 수력발전이 약 80퍼센트로 가장 높은 변환 효율을 보이지만, 다른 에너지원보다 지형적 특수성에 많이 좌우된다는 단점이 있다. 화석연료의 경우 석탄 34퍼센트, 천연가스 40퍼센트, 석유 37퍼센트 수준의 변환 효율을 보인다.

풍력발전의 역사

인류는 아주 오래전부터 바람에서 에너지를 얻어왔다. 약 5,500년 전에는 돛단배를 만들어 바다로 나갔으며, 서기 644년에는 현재의 아프가니스탄 부근에서 나무와 갈대, 천으로 풍차를 만든 기록이 남아 있다. 우리에게 익숙한 형태의 풍차는 12세기경 유럽에서 처음 등장하여, 곡식을 빻거나 물을 퍼 올리는 데 사용되었다. 현재에도 풍차로 유명한 네덜란드에는 19세기에 이미 수만 대의 풍차가 있었다. 이름 자체가 '낮은 땅'이라는 뜻을 가진 네덜란드는 국토의 26퍼센트가 해수면 아래에 있어, 홍수가 자주 발생했다. 풍차는 주로 물을 퍼 올리기 위해 사용되었다.

풍력으로 전기를 만든 최초의 사례는 1888년 미국의 찰스 브러시Charles F. Brush가 개발한 풍력발전기다. 당시 생산된 전기는 배터리에 저장되어, 전등을 밝히거나 모터를 돌리는 데 이용됐다. 현재 대다수 풍력발전기에서 볼 수 있는, 날개가 세 개 달린 형태는 1940년대 덴마크에서 처음 개발되었는데, 본격적으로 보급된 건 1970년대 후반 오일쇼크 이후다.

이때 갖춰진 풍력발전기의 형태는 지금도 거의 달라지지 않았다. 하지만 용량은 크게 높아졌다. 1980년대 100킬로와트 미만이던 발전 용량은 현재 1만 2,000킬로와트까지 뛰어올랐다. 이는 풍력발전기의 크기가 커진 덕분이다. 풍력이 만드는 전력은 앞서 설명했듯 풍속의 세제곱과 공기 밀도에 비례할 뿐만 아니라 날개의 길이에도 비례한다. 날개가 두 배 길어지면 전력 생산량은 네 배 증가한다. 이를 식으로 나타내면 다음과 같다.

$$\text{전력 생산량(W)} = 0.5 \times \text{공기 밀도}(kg/m^3) \times \pi[\text{날개 길이}(m)]^2 \times [\text{풍속}(m/s)]^3$$

풍력발전기의 종류 — 수평축과 수직축

풍력발전기는 날개가 달린 중심축이 지표면에 평행한지, 수직인지에 따라 수평축 풍력발전기와 수직축 풍력발전기로 나뉜다. 선풍기처럼 날개의 중심축이 수평인 형태가 수평축 풍력발전기다. 흔히들 떠올리는, 거대한 날개 세 개가 회전하는 풍력발전기가 이에 해당한다.

수평축 발전기의 작동 원리는 간단하지만, 날개를 바람의 방향에 맞춰야 발전 효율이 높다. 따라서 상황에 맞게 풍력발전기가 향하는 면을 회전시키는 요잉 yawing이라는 장치가 필요하다. 반면 수직축 발전기는 수직으로 세운 축에 날개를 단 형태라, 어느 쪽에서 바람이 불어도 발전 가능하다.

수평축 발전기는 요잉 장치가 회전을 거듭할수록 발전기에서 타워 아래까지 내려오는 전력케이블이 꼬일 수 있다. 이를 방지하기 위해, 보통 세 바퀴 이상 한 방향으로 회전하면 모터가 반대 방향으로 작동하여 케이블을 풀어준다. 소형 수평축 발전기는 모터 대신 슬립링 slip ring이라는 장치를 두어 케이블 꼬임을 막는데, 이는 회전하는 링과 고정된 판을 서로 맞대어 전력을 보내는 역할을 한다.

수평축 풍력발전기는 날개가 길어질수록 타워도 길어져야 하지만, 수직축 풍력발전기는 낮은 높이의 타워에서도 날개가 회전할 수 있다. 그럼에도 수평축 발전기가 여전히 풍력발전의 다수를 이루는 것은, 발전 효율이 높기 때문이다. 수평축 발전기의 발전 효율은 30~45퍼센트로서, 20퍼센트 내외인 수직축 발전기보다 두 배 가까이 높다. 수직축 발전기는 전력을 적게 생산하는 소형 풍력발전기에 주로 활용된다.

설치 위치에 따른 분류

육상 풍력발전기

풍력발전기는 설치하는 장소에 따라 육상 풍력발전기와 해상 풍력발전기로 나뉜다. 육상 풍력발전기는 높은 타워 위에 날개와 발전기가 위치하는데, 이는 지표면보다 위로 올라갈수록 바람이 강하기 때문이다. 하지만 타워를 높이 지을수록 제품 가격도 올라가므로 전력 생산과 제품 가격이 균형을 이루는 지점에서 높이가 결정된다.

한편 지표면의 거칠기 또한 풍력발전기 설치에 영향을 준다. 발전기가 설치된 곳이 넓은 들판이나 호수 인근처럼 평탄한 곳이라면, 지표면의 거칠기가 낮다고 표현한다. 이 경우에는 조금만 위로 올라가도 풍속이 강해진다. 하지만 주변에 숲이나 건물이 있는 지역처럼 지표면의 거칠기가 높은 곳에서는 타워를 많이 높여야 충분한 바람을 이용할 수 있다.

해상 풍력발전기

해상은 공기 중 높은 습도와 염분으로 인해 육지보다 부식이 빨리 일어난다. 그래서 풍력발전기 표면에는 염분에 강한 페인트를 칠하고, 풍력발전기 내부로 들어가는 공기는 제염,

제습 필터를 거치게끔 설계한다. 해상 풍력발전기의 또 다른 특징은 타워 구조에서 물에 잠기는 부분, 이른바 하부구조물을 따로 설계하고 제작한다는 점이다. 하부구조물은 바람이나 파도, 조류潮流로부터 풍력발전기를 안전하게 지지하는 역할을 한다. 일반적인 타워처럼 원통형 모양도 있지만, 송전탑처럼 생긴 재킷 타입의 구조물도 많이 이용된다.

하부구조물을 해저면에 고정시키는 방법은 해저면의 토질에 따라 다르다. 해저면이 바위로 이뤄진 경우 드릴이나 해머로 구멍을 뚫고, 파일pile이라고 불리는 기다란 봉을 넣는다. 구멍을 뚫을 때 나는 소리가 해양 동물에 영향을 줄 수 있기 때문에, 구멍 주위로 공기 발생기를 작동시켜 소음을 차단하면서 작업한다.* 반면 해저면이 모래이면서 수심이 깊지 않은 경우에는 땅을 파지 않는다. 대신에 무겁고 평평한 콘크리트 구조물을 해저면으로 가라앉히는 방식을 쓰는데, 이를 중력식 기초gravity-based foundation 설계라고 부른다. 유럽에서 많이 사용하는 방식이다.

우리나라 서해와 같이 해저면이 진흙인 경우에는 석션버킷suction bucket이라는 흡착식 원통을 이용한다. 석션버킷은 아래는 뚫려 있고 위는 막혀 있는 원통이다. 뚜껑을 제거한 분유 통이나 페인트 통을 거꾸로 뒤집은 모양과 같다. 석션버킷을 설

---

* 이때 공기를 주입하는 방식보다는, 팬을 돌려 수증기 기포를 만드는 방법을 주로 이용한다. 공기 방울 세탁기도 이와 같은 원리다.

치하려면 우선 해저면으로 가라앉혀야 하기 때문에, 원통 안에 물이 들어가게끔 윗면을 완전히 막지 않고 조그마한 구멍을 뚫는다. 석션버킷이 해저면까지 가라앉으면, 윗면의 작은 구멍에 펌프를 연결하여 물을 원통 밖으로 빼낸다. 물을 뺄수록 원통 안의 압력이 낮아지고, 원통은 조금씩 땅속으로 파묻힌다. 물을 모두 빼면 석션버킷 내부는 진흙으로 가득 차는데, 이 진흙의 무게만큼 구조물이 견딜 수 있게 된다. 콘크리트를 육지에서 가져오는 대신에 설치 현장의 진흙을 쓰는 데다, 폐기할 때도 진흙만 빼면 되므로, 앞서 설명한 중력식 기초에 비해 비용이 절감될 뿐만 아니라 친환경적이다.

그림 2-2. 해상 풍력발전기의 하부구조물(왼쪽)과
석션버킷(오른쪽)

부유식 풍력발전기

수심이 깊은 곳에서는 해저면에 하부구조물을 세우는 것보다, 물 위에 부유체를 띄워 풍력발전기를 얹는 방식이 적합할 수 있다. 이를 부유식 풍력발전기^{floating wind turbine}라고 부른다. 수심 35~40미터 이내 바다에서는 하부구조물을 세우는 고정식 해상 풍력발전기^{fixed-bottom offshore wind turbine}가, 이보다 더 깊다면 부유식 풍력발전기가 경제적이라고 알려져 있다.

부유체는 크게 세 종류로 나뉜다. 먼저 스파형^{spar type} 부유체는 길고 좁은 원통 모양이며, 길이가 매우 길어 수심이 깊은 곳에 설치할 수 있다. 마치 낚시찌가 물 위에 떠 있듯 풍력발전기를 지지한다. 이를 원주 부표^{spar buoy} 방식이라고도 부르는데, 부유체 맨 아래에는 쇠나 콘크리트 같은 무거운 물질을 넣어 옆으로 쓰러지지 않게끔 한다. 영국 스코틀랜드 북동부 해상의 '하이윈드 스코틀랜드'가 스파형 부유체를 사용하는 세계 첫 상업용 풍력 단지다.

반잠수식^{semi-submersible} 부유체는 스파형 부유체 다음으로 개발되어, 현재 모델이 가장 다양하다. 일반적인 반잠수식 부유체는 스파형에 비해 훨씬 길이가 짧은 부유체 세 개가 정삼각형을 이루며 서로 연결되어 있다. 풍력발전기는 이 가운데 하나의 부유체 위에 놓는다. 크레인으로 부품을 공급하려면, 삼각형 정중앙보다 꼭짓점 위치에 풍력발전기를 두고 그 아래에 배를 정박하는 방식이 편하기 때문이다. 포르투갈 해역의 '윈드플롯 애틀랜틱'이 반잠수식 부유체를 사용하는 대표적인 풍력 단지다.

끝으로 인장각 플랫폼^{tension leg platform} 방식은 부유체를 해저면에 단단히 연결해서 설치하는 것이 특징이다. 배를 정박할 때 바다에 닻을 내리듯, 부유체가 조류에 떠내려가지 않게끔 계류 선^{mooring line}을 사용한다. 다른 부유식 발전기의 계류 선은 풍력발전기 바로 아래가 아니라 옆으로 몇백 미터 이동한 해저면까지 활 모양으로 느슨하게 고정된다. 반면 인장각 플랫폼 방식은 부유체에 팽팽하게 연결된 계류 선이 직선으로 해저면에 고정된다. 헬륨으로 가득 찬 풍선에 줄을 매달아 붙잡고 있을 때 팽팽하게 장력이 유지되는 모습을 연상하면 된다.

인장각 플랫폼 방식은 다른 두 방식에 비해 부유체의 움직

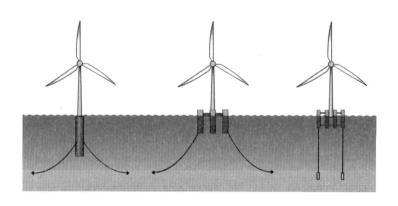

그림 2-3. 부유식 풍력발전기의 예. 왼쪽부터 스파형 부유체, 반잠수식 부유체, 인장각 플랫폼 방식

임이 덜하다. 따라서 풍력발전기를 안정적으로 제어하기에 편하다. 하지만 계류 선이 끊어지면 풍력발전기가 전복되어 바다에 잠길 수 있다. 이에 비해 스파형 부유체는 오뚝이처럼 무게중심이 낮아 전복 가능성이 매우 낮고, 반잠수식 부유체는 파도가 매우 심하지 않은 이상 닻이 끊어진 배처럼 어느 정도 표류할 수 있다.

부유체를 만드는 기술은 선박이나 해양 플랜트를 만드는 기술과 일부 겹친다. 국내 조선업계가 세계 최고 수준의 경쟁력과 높은 시장 점유율을 보이고 있는 만큼, 향후 부유식 풍력발전기가 더 많이 보급된다면 우리나라 조선업계에 좋은 기회가 될 수 있다.

풍력발전기 부품

앞서 살펴본 것처럼 풍력발전기의 종류는 다양하지만 기본적인 작동 원리는 대체로 유사하다. 따라서 가장 보편적인 3엽 수평축 풍력발전기를 예로 들어 풍력발전기의 구성 요소를 살펴본다.

날개

날개는 풍력발전기에서 가장 중요한 부품이다. 날개를 통해 바람의 운동에너지가 발전기에 전달되어 전기를 생산하기 때문이다. 늘 외부에 노출되어 있어, 태풍 같은 기상 상황에서 부러질 위험을 줄이려면 견고해야 한다. 또한 설치되는 위치

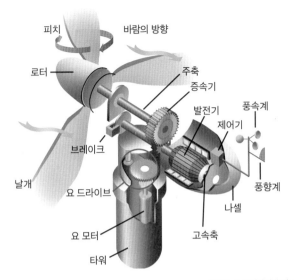

피치　　바람의 방향

로터

주축

증속기

발전기

풍속계

제어기

브레이크

날개

요 드라이브

요 모터

타워

나셀

고속축

풍향계

그림 2-4. 풍력발전기 내부 구조와 부품

가 타워의 높은 곳이기 때문에 가벼워야 한다. 날개가 무거울수록 이를 지탱하는 타워의 부품비가 늘어나므로, 날개의 경량화는 풍력발전기의 경제성 확보에 매우 중요하다.

따라서 날개는 튼튼하면서도 가벼운 재료로 만든다. 가장 많이 사용되는 소재 중 하나가 유리섬유 강화플라스틱*이다. 가벼운 플라스틱에 유리섬유를 넣어 강도를 높인 소재로서,

---

*　Glass Fiber Reinforced Plastic. 불포화폴리에스터수지에 지름 0.1밀리미터 이하의 얇은 유리섬유를 보강한 고분자물질이다. 알루미늄보다 가벼우면서, 철보다 외부 충격이나 장력에 잘 견딘다. 자동차나 항공기 부품, 건축자재, 스포츠 용품 등에 활용된다.

비행기 날개에 쓰이는 두랄루민보다 가볍다고 알려져 있다. 최근에는 이보다 더 강하고 가벼운 소재인 탄소섬유 강화플라스틱이 도입되고 있다. 지멘스 가메사가 2021년 출시한 B108 블레이드는 108미터로 가장 긴 날개를 자랑하는데, 여기에도 탄소섬유 강화플라스틱이 사용되었다.

날개는 윗면과 아랫면을 따로 만든 후 두 면을 붙여서 만든다. 마치 곤충이 외골격 구조로 몸을 지탱하는 것과 유사하다. 날개 내부는 시어웹 shear web 이라고 불리는 기둥 두 개를 제외하고는 텅 비어 있는 구조다. 시어웹은 날개의 윗면 방향으로 작용하는 힘을 지탱한다. 날개의 아랫면 방향으로 작용하는 힘은 날개 표면의 스파캡 spar cap 이 담당한다.

바람이 날개에 닿으면 항력과 양력이라는 두 가지 힘이 발생한다. 항력은 바람이 향하는 방향으로 작용하는 힘이다. 예를 들어 낙하산을 펴서 천천히 내려올 때 강한 바람이 불면 바람이 가는 방향으로 밀려가는 것도 항력 때문이다. 반면 양력은 바람이 부는 방향과 수직으로 작용하는 힘이다. 비행기나 새의 날개, 헬리콥터의 프로펠러 모두 양력을 이용해서 하늘을 난다. 일반적인 풍력발전기에서는 양력이 항력보다 커야 날개가 움직일 수 있기 때문에, 양력을 최대화하는 것이 풍력발전기 설계에서 중요한 목표다.

사보니우스형 Savonius type 풍력발전기처럼 항력을 이용하는 종류도 드물게 있다. 수직축 풍력발전기인 사보니우스형의 날개는 음료 캔을 수직 방향으로 잘라서 이어 붙인 모양과 비슷하다. 효율은 낮지만 날개 제작이 쉽고, 풍속이 낮아도 발전이 가능해서 소형 풍력발전기에 사용된다. 반면 같은 수직축 풍력발전기라도 다리우스형^{Darrieus type}은 양력을 이용한다. 활모양으로 날개가 휘어진 형태이며, 사보니우스형보다 발전 효율이 높아서 더 많이 사용된다. 두 방식을 합친 하이브리드 형태도 있다. 저풍속 구간에서는 사보니우스형으로 발전기를 돌리다가, 회전축이 일정 속도 이상으로 돌기 시작하면 다리우스형으로 전환한다.

가장 흔한 형태인 3엽 수평축 풍력발전기는 세 개의 블레이드가 회전축에 달려 있다. 날개가 이보다 많다면 어떻게 될까? 미국 서부영화를 보면 날개가 많이 달려 있는 풍차가 나

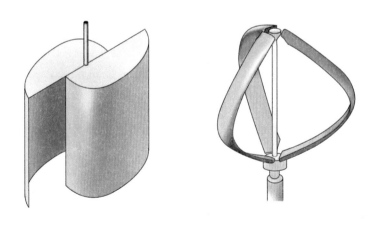

그림 2-5. 풍력발전기의 종류. 사보니우스형(왼쪽)과 다리우스형(오른쪽)

오곤 한다. 이는 약한 바람에도 풍차를 돌리기 위해서다. 날개가 많이 달릴수록 날개의 회전력이 강해지기 때문이다.

풍력발전기에서 회전축을 기준으로 날개 끝부분이 돌아가는 속력을 각속도, 또한 각속도를 풍속으로 나눈 값을 주속비^{tip} $^{speed\ ratio}$라고 부른다. 3엽 풍력발전기는 주속비가 7에 가까울 때 최대 출력을 낸다고 알려져 있다. 따라서 주속비를 7 수준으로 맞추기 위해 짧은 날개는 빠르게, 긴 날개는 느리게 회전한다.

타워

타워는 풍력발전기의 기둥 역할을 한다. 날개와 함께 풍력발전기 제작비에서 가장 큰 비중을 차지한다. 타워는 대개 원통형 실린더 형태로 철판을 용접해서 만든다. 운송할 때는 타워를 세 부분 정도로 분리해서 실은 뒤 현장에서 볼트와 너트로 조립한다. 높은 산처럼 타워를 옮기기 어려운 위치에 풍력발전기를 설치할 경우, 현장에서 직접 타워를 만들어야 할 수도 있다. 이때는 콘크리트로 타워를 세운다. 이 밖에도 송전탑이나 에펠탑처럼 철골구조로 만든 타워는 경제성이 높으나, 심미성이 떨어져 흔히 보기 어렵다.

발전기

발전기는 날개가 회전축에 전달한 운동에너지를 전기로 변환하는 장치다. 발전 방식에 따라 유도발전기$^{induction\ generator}$와

동기발전기^{synchronous generator}로 나뉜다. 유도발전기는 가격이 저렴한 대신, 외부 전원이 있어야 초기 가동이 가능하다. 동기발전기는 가격은 비싼 편이지만, 전압과 주파수 유지가 용이하다는 장점이 있다. 동기발전기 중에서는 영구 자석형 발전기가 많이 이용된다.

증속기

증속기^{gearbox}는 날개가 연결된 주축과 발전기 사이에 위치해 날개의 회전속도를 높이는 역할을 한다. 자동차 변속기와 같은 원리로 작동하지만, 속도에 따라 다양한 기어비[*]를 적용하는 게 아니라 고정된 하나의 기어비로 작동한다는 차이가 있다.

증속기는 풍력발전기에서 고장이 잦은 부품에 해당한다. 한 번 교체하려면 날개를 비롯해 타워 위의 모든 부품을 지상으로 내려야 해서 비용이 많이 든다. 따라서 최근에는 증속기를 사용하지 않는 직접 구동형 풍력발전기나, 고장 가능성이 낮은 중속 증속기^{medium-speed gearbox} 개발이 활발하다.

---

* 서로 맞물려 돌아가는 기어(톱니바퀴)들에서, 큰 기어의 이빨 수를 작은 기어의 이빨 수로 나눈 값을 가리킨다. 동력 입력 측의 이빨 수가 많을 경우, 출력 측의 회전량이 커지므로 이를 일컬어 '증속,' 반대의 경우에는 '감속'이라고 한다. 증속기는 저속, 고토크^{torque}의 입력 동력을 고속, 저토크의 출력 동력으로 변환한다.

피치 시스템

앞서 설명했듯 날개가 회전하려면 양력이 작용해야 한다. 반대로 양력을 받지 않게 하면 날개는 서서히 회전을 멈추게 될 것이다. 피치 시스템pitch system은 이러한 원리를 이용해, 회전하는 날개를 멈추게 하는 역할을 한다. 풍력발전기에도 브레이크가 발전기 앞부분에 달려 있지만, 이것은 날개가 멈춘 뒤에 고정하는 역할을 한다. 자동차의 주차 브레이크와도 유사하다.

피치 시스템은 날개가 바람을 맞는 각도, 즉 날개의 받음각angle of attack을 조절해서 회전력을 줄인다. 회전하고 있는 날개는 마치 선풍기 날개처럼, 넓은 쪽이 정면을 향해 있다. 이는 양력이 작용하고 있는 상태다. 여기서 정렬 각도를 조절해서 날개의 날카로운 옆 날이 정면을 향하게 하면, 바람은 날개를 스쳐 지나갈 뿐 양력을 일으키지 못한다. 양력을 받지 못한 날개는 회전력을 잃어 멈추게 된다.

요 시스템

요 시스템yaw system은 바람의 방향에 맞게 날개를 회전시켜서 발전 효율을 높이는 장치다. 요 시스템을 쓰지 않고 긴 꼬리날개로 방향을 바꾸는 방법도 있지만, 이는 소형 풍력발전기에서나 가능하다. 대형 풍력발전기는 날개나 발전기 같은 장치의 무게가 수백 톤에 달하기 때문에, 꼬리날개만으로는 방향 전환이 어렵다. 따라서 모터를 여러 대 이용해서 날개가 바람이 불어오는 쪽을 정면으로 보게끔 회전시키는데, 이를 능동형 요 시스템이라고 부른다. 이에 비해 소형 풍력발전기에서 쓰는 꼬리날개 방식은 수동형 요 시스템이라 칭한다.

풍력발전 유지 보수

풍력발전기는 자동차를 비롯한 여타 기계 설비와 마찬가지로 제때 부품을 교환하고, 고장이 나지 않게끔 사전에 관리해야 한다. 보통 1년에 2~4회 정기적으로 예방 정비를 실시해 부품 상태를 면밀히 살피고, 문제가 있으면 수리하거나 교체한다.

예방 정비에서 발견하지 못한 고장이 발생한 경우, 육상 풍력발전기라면 곧바로 유지 보수 인력이 출동해 문제를 해결한다. 하지만 해상 풍력발전기는 파도가 높은 날이면 접근할 수 없다. 일시적으로 파도가 낮아져서 풍력발전기에 들어간다 해도, 파도가 다시 높아지면 고립될 수 있다. 이런 가능성을 염두에 두고 해상 풍력발전기 안에는 며칠분의 비상식량을 구비해놓는다.

따라서 해상 풍력발전기는 고장이 발생하지 않게끔 사전 방지 대책이 더욱 요구된다. 부품도 최신 기술을 접목한 것보다 수년, 수십 년간 검증받은 것을 쓰는 경우가 많다. 마치 항공우주 분야에서 고장 가능성을 최소화하기 위해 최근까지 우주선에 흑백 카메라를 장착한 것과 같다.

부품별 상태를 실시간으로 파악해서, 고장이 생기기 전에 조치를 취하는 것도 중요하다. 부품에 센서를 부착해 실시간

데이터를 분석하는 것이다. 다만 8,000여 개에 이르는 풍력발전기의 모든 부품에 센서를 다는 것은 비용이 많이 들기 때문에, 센서 수를 최적화해서 줄여나가는 노력도 병행하고 있다. 실시간 분석에는 빅데이터와 인공지능 기술이 사용된다. 제어기 등이 전송하는 신호가 3,000여 개에 이르기 때문이다. 지멘스 가메사는 전 세계 2만여 기의 풍력발전기를 원격으로 실시간 모니터링하면서, 모든 데이터를 유럽의 데이터 센터로 보내, 터빈 관리는 물론 터빈 개발에도 활용하고 있다.

발전량 예측과 에너지 저장

계절의 영향을 많이 받는 풍력발전기의 전력 생산량은 겨울에는 많고 여름에는 적다. 최근에는 보다 정확하게 전력 생산량을 예측하기 위해 인근 발전 단지와 정보를 주고받는 시스템이 구축되고 있다. 예상보다 많은 전기를 생산할 경우에는 전력망 과부하를 막기 위해 제동을 걸어야 하는데, 실제로 제주도에서는 바람이 많이 불고 햇볕이 강한 날 전력 생산량이 넘치면서 2020년에만 77번 가동을 줄이거나 멈춘 바 있다.

남는 전기를 저장하는 방법으로는 대용량 배터리 같은 에너지 저장 장치가 주로 쓰인다. 앞으로는 남는 전기를 활용한 수소 생산 시설이 많이 늘 것으로 예상된다. 수소는 배터리에 비해 저장 효율은 낮으나 저장 비용이 적게 들기 때문에 에너지를 장기간 보관하는 데 적합한 수단이다.

풍력발전과 환경문제

풍력발전의 단점 중 하나는 소음이다. 날개가 공기를 가르며 내는 '풍절음'이 주된 소음원이다. '소음·진동관리법'에 제시된 허용 기준에 따르면, 풍력발전기 소음은 아침과 저녁에는 60데시벨, 주간에는 65데시벨, 야간에는 55데시벨을 넘길 수 없다. 인근에 학교나 종합병원, 공공 도서관이 있다면 더 엄격한 기준이 적용된다. 아침·저녁에는 50데시벨, 주간 55데시벨, 야간은 45데시벨로 낮아진다.[*]

기준치 이상의 소음이 발생할 경우, 날개의 회전속도를 줄여 소음을 낮춘다. 물론 이때는 전력 생산량도 함께 낮아진다. 해상 풍력발전은 소음 문제에서 상대적으로 자유롭다. 하지만 발전기를 지을 때 해머링 작업에 따른 수중 소음이 해양 생물에 문제가 될 수 있다. 이를 막기 위해 공기 방울을 이용한 방음벽을 만든 뒤 공사를 진행한다.

미래형 풍력발전

풍력발전기는 1940년대에 덴마크에서 개발한 형태가 지금껏 유지되고 있지만, 최근에는 다양한 모델의 풍력발전이 시도되고 있다. 우선 미국 기업 마카니가 개발한 600킬로와트급 비행 풍력발전기를 들 수 있다. 프로펠러 여덟 개가 달린 비행기 형태로, 일정 높이까지는 프로펠러로 올라가지만 이후에

---

[*] 비교적 조용한 공원에서의 소음이 30~35데시벨이며, 조용한 사무실이 약 50데시벨, 시끄러운 길거리가 70데시벨 수준이다.

는 바람의 힘으로 전기를 생산해 지상과 연결된 전선으로 송전한다. 구글엑스가 2013년 이 기업을 인수해 한동안 제품 개발을 이어갔으나, 상용화까지 오래 걸린다는 이유로 2020년 2월 사업을 청산했다.

한편 연을 띄워 줄이 당겨지는 힘을 전기로 전환하자는 아이디어도 등장했다. 거센 바람을 버티기 위해 연과 연결된 케이블은 매우 강한 장력을 가진 소재를 사용한다. 이탈리아 기업 카이트젠을 선두로, 다양한 기업이 연구 개발에 뛰어들고 있다.

날개 없이 기둥만 있는 모양의 풍력발전기도 있다. 스페인 기업 보텍스 블레이드리스가 개발한 이 모델은 바람이 불 때 구조물이 진동하면서 발생하는 에너지를 이용한다. 거대한 블레이드가 없어서 좁은 지역에 여러 대를 설치할 수 있고, 심미적으로도 우수하다는 평가를 받고 있다.

　수소는 1766년 영국 물리학자이자 화학자 헨리 캐번디시가
발견했다. 원자번호 1번으로서, 가장 가볍고 우주에 가장 많
이 존재하는 원소다. 수소水素라는 이름에서 알 수 있듯(수소
를 가리키는 영어 'hydrogen'에서, 접두사 'hydro'에도 물이라
는 뜻이 있다) 산소와 결합해 물을 생성하는 인류 생존의 필
수 요소다. 순물질은 실온에서 두 개의 수소 원자가 결합된
(H_2) 기체 상태로 존재한다.

　수소는 산업 분야에서 유용한 물질이다. 암모니아 합성이
나 정유 공정에 쓰이는 순수 수소의 양은 전 세계적으로 연간
7,000만 톤 이상이다. 메탄올 합성과 제철 분야에서는 주로
혼합기체 형태의 수소를 쓴다.[1] 하지만 산업용 수소 대부분이
화석연료로 생산되고 있어서, 다량의 이산화탄소를 배출한다.
수소 생산과정의 탈탄소화가 수소 부문 탄소중립의 핵심인 이

유다.

국제재생에너지기구IRENA가 2021년 발표한 탄소 저감 전략에 따르면, 2050년 탄소중립을 달성하기 위해 산업 분야에서 연간 11.9기가톤의 이산화탄소 저감이 필요하다. 이 중에서 12퍼센트를 수소(관련 화합물 포함)로 저감할 수 있다. 운송 분야에서도 두번째로 비중이 큰 탄소 감축 수단이 수소(26퍼센트)다. 탈탄소화를 전면 확대하는 데 수소 관련 기술의 역할이 매우 중요한 것이다.

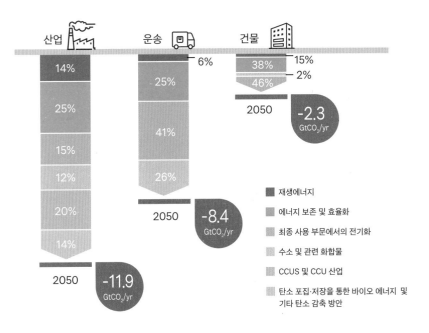

그림 2-6. 전기화 및 그린 수소를 통한 분야별 이산화탄소 감축 전망
자료: IRENA, 2021.

실제 수소에는 색이 없지만, 생산 방식에 따라 각종 색으로 표현된다. 화석연료로 생산된 추출 수소(개질 수소)는 그레이 수소라고도 불린다. 화석연료 중에서도 무엇을 연료로 쓰는가에 따라 다른 색을 부여한다. 연료가 석탄이라면 블랙 수소, 천연가스라면 그레이 수소, 갈탄이라면 브라운 수소다. 한편 화석연료를 쓰더라도 CCS 기술을 적용해, 생산과정에서 배출한 탄소를 대폭 저감해 만든 수소는 블루 수소라고 부른다.

개질reforming

원유에서 추출한 가솔린을 고온 처리해, 양질의 가솔린을 얻는 과정을 뜻한다. 이와 유사하게 천연가스에 고온·고압을 가하거나 촉매 반응을 일으켜 생산한 수소를 개질 수소라고 한다.

태양광발전이나 풍력발전 등 재생에너지원으로 생산된 수소는 무탄소 수소$^{CO_2-free\ hydrogen}$, 그린 수소라 부른다. 생산과정에서 탄소가 발생하지 않아, 탄소중립에 중추적인 역할을 하는 것이 그린 수소다. 메테인 등을 열분해 해서 얻는 청록 수소 또한 탄소가 발생하지 않는다는 점에서 각광받고 있다. 원자력발전소에서 생산한 전력으로 물을 전기분해 해 만든 수소역시 탄소중립 기술로 볼 수 있다. 최근에는 분홍색이나 보라색 같은 색깔로 지칭하기도 한다.

그렇다면 그린 수소를 만들 때 저감되는 탄소의 양은 어느 정도일까? 이는 그레이 수소를 만들 때 얼마나 많은 이산화탄소를 배출하는지 따져보면 알 수 있다. 먼저 석탄에서 블랙 수소 1킬로그램을 생산하는 동안 발생하는 이산화탄소는 약 20킬로그램이다. 그런데 CCS 기술을 적용해 탄소 제거율을 90퍼센트에 맞춰서 블루 수소를 생산한다면, 이산화탄소 배출량은 1~2킬로그램 수준으로 줄어든다.

하지만 경제성 측면에서 그린 수소는 아직 갈 길이 멀다. 중국의 사례를 살펴보면, 블랙 수소의 생산 단가가 1킬로그램당 1달러로 가장 저렴하다. 하지만 앞서 언급했듯 20킬로그램에 달하는 이산화탄소가 발생한다. 탄소 발생량이 블랙 수소의 절반 수준인 그레이 수소는 원료인 천연가스가 석탄보다 비싸다. CCS 기술을 적용한다면 탄소를 대폭 저감할 수 있으나, 그만큼 추가되는 시설비와 운영비로 인해 블랙 수소보다 50퍼센트 정도 가격이 상승한다. 그린 수소는 1킬로그램당 3달러로 가장 높은 편이다.

IRENA가 내놓은 경제성 전망에 따르면, CCS 기술을 적용한 블루 수소의 생산 원가는 이산화탄소 배출 비용이 꾸준히 오르면서 2050년까지 소폭 상승할 것으로 예상된다. 반면 그린 수소는 주요 가격 요소인 태양광·풍력 발전 단가와 수전해 장치 가격 둘 다 낮아질 전망이다. 그린 수소의 생산 원가는 지역 차가 있는 재생에너지 발전 단가에 큰 영향을 받는데, 재생에너지 발전에 유리한 지역에서는 2025년부터 블루 수소와 가격경쟁을 할 수 있는 환경이 조성될 것이다. 더 나아가

2050년에는 평균 조건에서도 그린 수소의 생산 단가가 1킬로그램당 2달러 이하로 내려갈 수 있다.

수전해 방식

그린 수소를 만드는 기술 중에서는 수전해 방식이 대표적이다. 물을 전기분해 해서 수소를 얻는 수전해 방식은, 그 과정만 놓고 보면 탄소를 배출하지 않는다. 따라서 수전해로 얻은 수소가 그린 수소인지를 결정하는 관건은 결국 에너지원에 있다. 수전해에 투입되는 전력이 태양광발전이나 풍력발전, 원자력발전을 통해 만들어졌다면, 수소 생산의 전 과정에서 탄소가 발생하지 않았으므로 이 수소는 그린 수소가 된다. 반면 화력발전을 통해 만들어진 전력을 썼다면 탄소 배출량이 그레이 수소 수준으로 높아진다. 이 경우에는 화석연료 기반 기술로 분류하는 것이 타당하다.

수전해 장치는 전기에너지를 투입해 물을 수소와 산소로 분리하는 전기화학 반응기다. 이 장치에는 전기화학 반응이 잘 일어나게끔, 물에 전기가 흐를 수 있게 하는 물질인 전해질이 쓰인다. 이 전해질의 종류가 무엇인지에 따라 작동 온도와 반응 소재의 특성이 결정된다.

대표적으로 알칼리 수전해, 고분자전해질막 수전해, 고체 산화물 수전해가 있다. 알칼리 수전해는 1920년대부터 상용화되어 수력발전과도 연계하는 등, 안정적으로 수소를 생산하는 기술이다. 고가의 재료가 적게 들어가는 편이라 제조 단가가 저렴하다는 장점이 있다. 고분자전해질막 수전해는 1960년대 미국의 제너럴일렉트릭이 개발했다. 반응물로는 순수한 물을 사용하며, 장치의 크기가 작아 생산 설비를 소형화할 수 있다. 그뿐만 아니라 전력 계통의 부하 변동에도 안정적으로 수소를 생산할 수 있어서, 태양광발전이나 풍력발전처럼 생산 과정에 변동성이 큰 재생에너지와 연계하는 데 유리하다. 하지만 귀금속 촉매나 고분자전해질막 같은 고가의 재료 때문에 가격이 비싼 편이다. 고체 산화물 수전해는 고온의 수증기를 전기 분해 하여 수소를 생산한다. 적은 에너지로 높은 생산 효율을 보이지만 아직 연구 개발 단계에 있다.

IEA에 따르면, 2020년 300메가와트 수준이던 연간 수전해

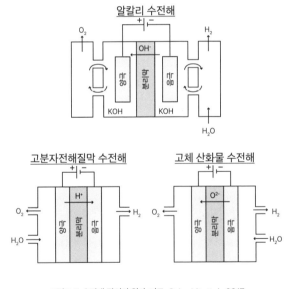

그림 2-7. 수전해 장치의 원리. 자료: Schmidt et al., 2017.

수소 생산 규모는 2030년 51~91기가와트까지 증가할 것으로 보인다.[2] 그렇더라도 2050년 수전해 설비 용량 목표인 5테라와트를 달성하기 위해서는 생산 규모가 연간 130~160기가와트 수준으로 더 확대될 필요가 있다고 분석된다.[3] 이를 위해 유럽연합은 2024년 6기가와트, 2030년에는 40기가와트의 수전해 설비 용량을 확보한다는 목표를 두고 있으며, 칠레는 2025년 5기가와트, 2030년 25기가와트 수준으로 용량을 확보해 주요 수소 수출국으로 올라선다는 전략을 추진하고 있다.

탈탄소화=재생에너지×그린 수소

탄소중립의 핵심은 화석연료에 크게 의존하는 산업·경제 구조를 탈피하는 것이다. 이러한 탈탄소화의 핵심 축으로 꼽히는 재생에너지와 그린 수소는 상호 보완적이다. 재생에너지가 확대될수록, 이를 에너지원으로 삼아 생산되는 그린 수소도 증가하는 것이다.

재생에너지원 중에서 높은 비중을 차지하는 태양광발전, 풍력발전은 기상 여건에 따라 전력 생산이 불규칙할 수밖에 없다. 이렇듯 가변성 재생에너지의 비중이 커져도, 전력망을 안정적으로 운용하는 데 그린 수소 기술이 결정적인 역할을 할 수 있다. 가령 가변성 재생에너지로 전력을 과잉 생산했을 때는 남은 전력으로 그린 수소를 생산해 저장해두었다가, 나중에 전기에너지나 열에너지로 전환하는 방법이 있다. 수소 차 연료나 각종 화합물의 원료로도 쓸 수 있다. 유럽연합 산하

민간 파트너십 기관인 연료전지및수소협의회의 시뮬레이션 결과에 따르면, 가변성 재생에너지의 보급률이 60퍼센트를 넘길 경우 재생에너지와 수소의 섹터커플링이 활발해져, 에너지 전환 실현에 큰 역할을 할 것으로 예상된다.

> **섹터커플링**sector coupling
>
> 가변성이 높은 재생에너지를 다른 형태의 에너지로 변환해 사용·저장하는 방식을 의미한다. 여기서는 재생에너지를 수소로 전환해 쓰는 것을 가리킨다.

가변성 재생에너지의 보급률은 국가나 지역별로 다소 큰 격차를 보인다. 국제에너지기구는 가변성 재생에너지가 차지하는 비중을 여섯 단계로 분류한다. 1~2단계는 전력망에 대한 영향이 없거나 미미한 수준을 나타낸다. 2020년 기준으로 우리나라는 1단계이며 미국, 일본, 중국은 2단계다. 3단계부터는 가변성 재생에너지가 전력망 운용에 중요한 요소가 된다. 독일, 영국, 스웨덴, 포르투갈, 스페인 및 이탈리아 등 주요 유럽 국가들이 3단계에 해당한다. 재생에너지가 전력 생산의 대부분을 차지하는 기간이 발생하면 4단계, 태양광과 풍력발전으로 생산된 전력의 저장 기간이 주 단위라면 5단계, 계절이나 연 단위라면 6단계로 분류한다. 가변성 재생에너지 비율이 30~60퍼센트인 덴마크와 아일랜드, 호주 사우스오스트레일리아주는 4단계다.

국제에너지기구의 기준에 따르면 제주도는 3단계에 해당한다고 볼 수 있다. 그런데 가변성 재생에너지 비율이 늘어남에 따라 전력을 과잉 생산하는 경우도 크게 늘었다. 현재 이에 대한 해결 방안을 다각도로 논의 중이다. 이는 제주 지역의 전력 안정화는 물론, 국가적으로 에너지를 전환하는 과정에서 발생할 문제를 미리 대비할 수 있는 기회일 것이다. 재생 전력-그린 수소 섹터커플링을 적극 적용할 때다.

수소는 최근 IEA가 발표한 2050년 탄소중립 시나리오에서 탈탄소 실현을 위한 핵심 전략 중 하나로 제시되고 있다. 전 세계 수소 수요는 2020년 약 90메가톤에서 2030년 200메가톤 수준으로, 이 가운데 저탄소 수소의 비중 역시 10퍼센트에서 70퍼센트로 크게 높아질 전망이다. 수소 차도 1,500만 대가량 보급되어, 수소를 활용하는 인프라 또한 크게 증가할 것이다. 우리가 탄소중립을 달성하기 위해, 그린 수소에 적극적인 관심을 가져야 하는 이유다.

 석탄·석유 의존도가 높은 우리나라는 온실가스 배출량이 세계 10위권, OECD 회원국 가운데 5위를 차지한다.[1] 그렇다 보니 탄소를 감축하라는 국제사회의 압력을 지속적으로 받고 있다. 탈석유 산업 기반 확보가 탄소중립과 경제 안보에 매우 중요한 시대가 된 것이다. 2019년 기준 국내 석유 소비의 49퍼센트는 자동차, 선박, 항공기에 쓰는 수송용 연료가 차지한다.[2] 따라서 수송용 연료를 재생에너지 기반으로 바꾼다면, 석유 사용의 절반을 줄인다는 계산이 나온다.

 하지만 이는 장기적인 목표에 가깝다. 휘발유를 쓰지 않는 전기 차 기술은 승용차 부문에 한정되어 있고, 차체가 큰 화물차에는 적용하지 못하고 있다. 차체 중량이 무거운 만큼 배터리 크기도 커져야 하기 때문이다. 전기 충전 요구량이 많아져 충전 시간이 길어지고, 화물 공간도 그만큼 줄어들어 이윤이 감소할 수밖에 없다. 선박이나 항공기 또한, 중량을 비롯해 여러 환경요인을 고려하면 에너지원으로 전기를 쓰기는 어렵고, 수소는 개발 기간이 필요하다.

승용차가 전기 차로 대체되는 과도기에도 가급적 석유가 아닌 탄소중립형 연료를 사용할 필요가 있다. 전기나 수소로 대체하지 못하는 선박, 항공기 분야도 탄소중립에 가까운 에너지원이 요구된다. 이 문제를 해결할 대안으로, 자연계에서 충분한 양을 확보할 수 있고 탄소 배출량도 줄일 수 있는 바이오 연료 기술이 주목받고 있다.

바이오매스

땅속에 있는 석유는 그대로 두면 이산화탄소를 배출하지 않는다. 정제되어 연료로 쓰여야 이산화탄소를 배출하는 것이다. 반면 나무나 풀 같은 바이오매스는 시간이 지나면서 점점 썩는데, 이때 이산화탄소 발생량은 바이오매스를 태워 쓰거나 바이오 연료로 가공해 쓸 때의 발생량과 큰 차이가 없다.

바이오매스란 나무, 풀, 미세 조류* 등, 식물과 미생물의 광합성으로 만들어지는 모든 유기체를 지칭한다. 넓은 범위에서는 이 유기체들을 섭취하는 생물 유기체를 가리키기도 한다. 바이오매스는 광합성을 통해 공기 중의 이산화탄소를 흡수한

---

* 합성을 통해 생장하고 산소를 발생시키는 조류 중에서 작은 크기의 단세포 조류를 미세 조류라고 부른다. 식물 플랑크톤이라고도 한다.

다. 따라서 바이오매스에서 에너지를 얻으며 이산화탄소를 배출하더라도 자연계 전체를 놓고 보면, 본래 없던 이산화탄소가 새로 생성되는 것은 아니다. 이것이 바이오매스의 장점이다. 바이오매스에서 발생한 이산화탄소는 나무나 풀에 흡수되어 다시 쓰일 수 있으므로, 바이오매스는 지속 가능한 재생 자원이다. 이미 탄소중립을 내포한 원료인 것이다.

바이오매스를 원료로 수송용 연료를 만들거나 탄소 화합물을 생산하는 기술이 주목받고 있지만, 그렇다고 최근 들어 연구가 시작된 분야는 아니다. 물자 공급이 원활치 않았던 제1차 세계대전 때는 탄환에 쓰이는 아세톤을 바이오매스로 생산한 바 있고, 오일쇼크를 겪은 1970년대 이후에는 미래 원유 고갈을 대비하기 위한 석유 대체 원료로서 바이오매스 기술이 개발되고 있었다.

바이오매스를 수송용 연료로 이용하는 추세는 전 세계적으로 뚜렷해지고 있다. 누구나 한 번쯤은 들어봤을 바이오에탄올bioethanol과 바이오디젤biodiesel이 대표적이다. 바이오에탄올은 휘발유를, 바이오디젤은 경유를 대체할 수 있다.

이 가운데 바이오에탄올은 미생물 발효를 통해 생산되는 에탄올을 말한다. 알코올성 음료에 함유된 바이오에탄올은 보통 5~25퍼센트이지만, 바이오 연료에 사용되는 에탄올은 순도를 99퍼센트 이상으로 정제한 것이다. 이론적으로 바이오에탄올은 휘발유를 100퍼센트 대체할 수 있으나, 에탄올 특유의 흡습성으로 인해 배관이 부식되거나 섭씨 11도 이하에서 시동

불량을 일으키기도 한다. 또한 휘발유에 비해 발열량이 낮아 연비를 악화시키기 때문에, 전용 설비로 개조된 차량에만 단독 연료로 사용할 수 있다.

이 같은 한계를 극복하기 위해 북미와 유럽에서는 신재생에너지 연료 혼합 의무제를 실시하고 있다. 휘발유에 바이오에탄올을 혼합해 기존의 수송용 연료 공급 인프라와 차량 엔진을 그대로 활용할 수 있게 하는 방식으로 바이오에탄올 사용을 촉진하는 것이다. 하지만 국내에는 아직 혼합 의무제가 도입되지 않았다. 북미의 경우 옥수수를 비롯해 바이오에탄올 생산에 필요한 각종 곡물 원료가 원활히 수급되는 반면, 우리나라는 이러한 원료가 부족하기 때문이다.

흡습성hygroscopicity

주변 환경으로부터 물 분자를 끌어당겨 보유하려는 물질의 특성을 말한다. 예를 들어 에탄올과 물은 서로가 서로에게 잘 녹는다. 따라서 바이오에탄올에는 수분이 혼입되기 쉽다는 단점이 있다.

신재생에너지 연료 혼합 의무제renewable fuel standard, RFS

자동차용 경유에 일정 비율 이상 바이오디젤을 혼합해서 공급하도록 의무화한 제도이다. 우리나라에서는 2006년부터 민관 협동으로 자율 시행하다가, 2015년 7월부터 의무화했다.

1세대 바이오매스

바이오에탄올을 만드는 원료에는 여러 가지가 있어서, 종류에 따라 1세대, 2세대, 3세대 바이오매스로 구분한다. 먼저 1세대 바이오매스는 옥수수나 사탕수수, 카사바 같은 당질계sugar-based polymer 또는 곡물류 식량 자원을 말한다. 이들을 발효시켜 생산한 바이오에탄올이 1세대 바이오에탄올이다. 현재 바이오에탄올의 90퍼센트 이상이 1세대 바이오매스로 생산된다. 대규모 농업 국가인 미국, 브라질, 중국이 주요 생산국이다.

본래 바이오에탄올은 기후변화보다는 유가 상승과 원자재 가격 폭등에 대응하기 위해 활발히 생산됐다. 하지만 바이오에탄올의 대량 생산이 미국을 비롯한 대규모 농업 국가의 곡물 소비를 급격히 증가시키면서, 전 세계적인 곡물 가격 상승을 촉발했다. 그 결과 저소득 국가의 식량 수입 부담이 커지고 식량 파동 현상까지 일어났다. 세계적으로 기아 문제가 해결되지 않은 상황에서, 사람의 식량을 자동차에게 먹인다는 비판이 나온 이유다. 이는 '식량이냐, 연료냐' 같은 우선순위 논란을 가져왔다.

2008년 기준 미국은 약 8,000만 톤의 곡물을 투입해 바이오에탄올을 약 300억 리터 생산했다. 미국은 옥수수를 가장 많이 수출하는 국가이지만, 전 세계 수출 물량 가운데 미국이 차지하는 비중은 2005년 67퍼센트에서 2011년 39퍼센트로 감소했다. 2011년 미국이 생산한 옥수수의 44.7퍼센트(1억 2,755만 톤)를 에탄올 생산에 투입한 것이 원인으로 추정된다. 미국의 바이오에탄올 생산 증가는 국제 옥수수 가격을 끌어올리는 주요 요인으로 작용했다.[3]

바이오에탄올 생산 단가나 상용화 기술을 감안하면, 아직은 1세대 바이오에탄올이 대부분일 수밖에 없다. 하지만 식량 대 연료 논쟁은 여전히 남아 있다. 그 대안으로 2세대, 3세대 바이오매스를 이용하는 기술이 개발되고 있다.

2세대 바이오매스

2세대 바이오매스는 식량계 작물이 아닌 비식용계 바이오매스를 말한다. 풀과 나무를 비롯해 왕겨, 볏짚, 옥수수 대 같은 농업 부산물이 여기에 포함된다. 이 밖에도 갈대, 억새, 스위치그래스 등 에너지 작물, 폐목재, 톱밥, 유기성 쓰레기 등이 2세대 바이오매스로 분류된다.

스위치그래스 switchgrass

스위치그래스는 옥수수 등과 달리 불모지에서 잘 자라고, 재배를 위한 별도의 시설(관개시설)이 필요 없다는 장점이 있다. 다년생 식물이라 매년 심지 않아도 되고, 일반 잔디에 비해 성장 속도가 매우 빨라 한 계절에만 최대 약 3.7미터까지 자랄 수 있다. 단위 면적당 가장 많은 양을 얻을 수 있는 바이오매스로 각광받고 있다.

2세대 바이오매스는 앞서 언급한 식량 대 연료의 우선순위 문제를 해결하는 방안이 될 수 있다. 예를 들어 벼나 옥수수는 식량으로 이용하고, 부산물인 볏짚과 옥수수 대로는 바이오에탄올을 생산하는 것이다. 한편 풀과 나무는 지구에서 가장 풍부하게 탄소를 포함하는 자원으로서, 석유를 대체하는 현실적 대안이 될 수 있다. 2세대 바이오매스는 리그노셀룰로스lignocellulose 바이오매스라고도 부른다. 주요 성분이 셀룰로스, 헤미셀룰로스, 리그닌 등 단단한 식물의 세포벽을 이루는 고분자화합물이기 때문이다.

미생물이 발효에 이용하는 것은 바이오매스의 발효 당 부분이다. 셀룰로스와 헤미셀룰로스가 여기에 속한다. 셀룰로스는 단당류인 포도당glucose이 선형으로 중합*된 구조를 갖는다. 헤미셀룰로스는 자일로스, 아라비노스, 만노스 같은 여러 당이 단량체monomer로 연결된 형태를 띤다.

미생물이 2세대 바이오매스를 알아서 발효하게끔 내버려 두면, 시간이 매우 오래 걸리고 효율이 낮다. 리그닌이 셀룰로스와 헤미셀룰로스를 견고하게 에워싸서 미생물의 접근을 어렵게 만들기 때문이다. 리그닌을 제거하더라도, 셀룰로스와 헤미셀룰로스를 단당류로 분해할 효소를 가진 미생물이 극히 드문 것도 원인이다.

이를 해결하기 위해 리그닌을 제거하는 전처리 기술, 미생물이 발효하기 쉽게끔 셀룰로스와 헤미셀롤로오스를 단당류로 분해하는 당화 효소 기술이 개발되고 있다. 전처리 기술에는 암모니아 같은 알칼리 용액으로 리그닌을 녹이는 기술, 산성 용액으로 견고한 리그닌 구조를 느슨하게 만드는 산 처리 기술이 있다. 또한 물, 에탄올 같은 용매로 리그닌 구조를 느

---

* 　 분자가 여러 개로 결합하는 반응을 뜻한다.

슨하게 하거나 녹여내는 기술도 있다.

전처리 과정을 거치고 나면 당화 효소는 셀룰로스와 헤미셀룰로스에 보다 쉽게 접근해, 셀룰로스 등을 효과적으로 분해한다. 이렇게 전처리 과정과 당화 과정을 거쳐 만들어진 물질을 당화액이라고 부른다. 당화액에는 셀룰로스를 구성하는 포도당이 60~70퍼센트를 이루고, 나머지는 헤미셀룰로스에서 분해된 자일로스, 만노스, 아라비노스 같은 단당류가 차지한다. 이후 발효 과정까지 거치면 비로소 바이오에탄올이 만들어진다. 발효되지 않는 리그닌은 태워서 에너지원으로 쓰거나, 화학적 전환을 거쳐 여타 소재나 화합물로 이용한다.

2세대 바이오매스는 식용 작물을 쓰지 않는다는 장점이 있지만, 몇 가지 과제도 안고 있다. 앞서 살펴봤듯 1세대 바이오매스에 비해 더 많은 공정이 필요하고, 환경오염을 유발하는 화학물질을 사용하므로 그만큼 생산 비용도 올라간다. 또한 핵심 공정인 당화 과정에 들어가는 고효율 당화 효소는 미국의 효소 회사가 독점하다시피 해서, 국내 연구진의 자체 개발이 요구되는 실정이다.

당화 과정을 거쳐 분해된 단당류 가운데 오직 포도당만 발효의 재료가 된다는 비효율성도 풀어야 할 과제다. 바이오에탄올을 만드는 데 주로 쓰이는 미생물 사카로미세스 세레비지에[*]는 포도당만 발효시킬 수 있기 때문이다. 당화액의 나머

---

[*]   Saccharomyces cerevisiae. 에탄올을 생산하는 효모 중 하나다. 고대부터 포도주, 베이킹, 맥주 양조에 쓰였다.

지 단당류는 발효되지 못하므로, 그만큼 더 많은 바이오매스를 써야 해서 가격 경쟁력을 약화시킨다. 현재는 나머지 단당류도 함께 발효시킬 수 있는 유전자 조작 미생물에 관한 연구가 경쟁적으로 이뤄지고 있다.

3세대 바이오매스

3세대 바이오매스는 육상 식물이 아닌 해조류, 미세 조류 같은 해양 식물을 일컫는다. 해양 식물은 경작지가 필요하지 않고, 육상 식물보다 빠르게 성장한다는 장점이 있다. 우리나라처럼 국토가 넓지 않고 삼면이 바다로 둘러싸인 환경에 적합한 바이오매스라고 할 수 있다. 리그닌이 거의 없어 전처리 과정을 생략할 수 있다는 장점도 있다.

다만 해조류의 주성분은 미생물이 발효시킬 수 있는 일반적인 단당류보다는, 발효시킬 수 없는 비발효 당이다. 해조류에 함유된 알지네이트, 갈락티톨, 만니톨 같은 성분이 비발효 당에 해당한다. 따라서 비발효 당을 발효 당으로 전환하는 공정을 추가 개발하거나, 비발효 당을 발효 당으로 바꾸는 효소가 작용하도록 미생물의 유전자를 조작하는 연구가 필요하다.

미세 조류는 빛과 대기 중의 이산화탄소를 이용해서 탄수화물 또는 지질을 축적하는 특성이 있다. 이 가운데 탄수화물을 축적하는 미세 조류는 바이오에탄올을 만드는 데 이용할 수 있다. 다만 이산화탄소를 유일한 탄소원으로 이용하는 미세 조류의 경우 생장이 느리고, 그만큼 생산되는 바이오매스도 많지 않은 편이다.

바이오부탄올

바이오에탄올은 가솔린에 비해 에너지 밀도가 낮고 친수성이 강한 데다 부식성이 높아서, 가솔린과 혼합하더라도 낮은 비율로만 가능하다. 유통하려면 수분 유입을 방지하는 등 별도의 인프라도 갖춰야 한다. 휘발유를 대체하기에는 한계가 있는 것이다.

바이오에탄올 외에 휘발유를 대체할 수 있는 또 다른 바이오 연료는 바이오부탄올이다. 에탄올에 비해 탄소 함량이 높은 부탄올은 에너지 밀도가 높고 기화 압력이 낮으며, 휘발유와 비슷한 옥탄가*를 갖고 있다. 또한 휘발유같이 소수성**을 갖고 있으며, 부식도가 낮아서 휘발유와 높은 비율로 혼합할 수 있다. 기존의 유통 인프라와 차량을 별도로 개조하지 않아도 된다는 장점이 있다.

미국에서는 일반 자동차에 100퍼센트 바이오부탄올을 넣고 그랜드캐니언, 캘리포니아, 워싱턴 D.C. 등을 오가는 장거리 운전에 성공한 바 있다. 이처럼 연료로서 가치가 높지만, 부탄올을 생산하는 미생물조차 부탄올에 생장을 저해받기 때문에

---

* 엔진이 조기 점화되는 이상 폭발(노킹)이 아닌, 정상 연소가 되는 정도를 측정한 값으로서 옥탄가가 높을수록 연비가 좋고 고급 휘발유다.

** 물을 흡수하지 않는 특성, 또는 물과 혼합되지 않는 특성을 뜻한다.

결과적으로 부탄올의 농도, 수율,* 생산성이 떨어진다. 따라서 대량 생산이 어렵다는 한계를 해결하기 위해 높은 농도의 부탄올에도 견디는 부탄올 저항성 미생물을 개발하거나, 부탄올의 농도와 수율을 높이는 유전자 조작 미생물에 관한 연구가 이뤄지고 있다.

한편 발효 과정에서 부탄올을 지속적으로 제거·회수하는 공정을 더해 부탄올로 인한 독성을 줄이는 연구도 수행되고 있다. 즉 탈기를 통한 부탄올 증발이나 추출, 투과막 같은 방법을 적용해 발효액 내의 부탄올을 지속적으로 제거하는 것이다. 이로써 미생물이 독성을 느끼는 농도 이하로 유지해 생산성을 높일 수 있다. 이처럼 합성 미생물 기술과 유전자 조작 기술, 부탄올 제거·회수 등의 최신 기술이 도입된다면, 바이오부탄올 생산에서의 기술 장벽은 머지않아 극복될 것으로 보인다.

바이오디젤

경유를 대체할 수 있는 바이오디젤은 수송용으로는 국내에서 가장 많이 사용되는 바이오 연료다. 바이오에탄올이 발효당을 함유한 바이오매스를 원료로 한다면, 바이오디젤은 콩기름, 유채 기름 같은 식물성 기름이나 동물성 기름, 폐식용유를 사용한다. 바이오에탄올이 미생물 발효를 통한 생물학적 공정

---

*   주입한 원료 무게당 생산되는 물질 무게의 비율.

으로 만들어진다면, 바이오디젤은 화학 공정으로 생산된다는 차이가 있다.

일반적으로 식물성 기름은 지방산과 글리세린이 결합된 트라이글리세라이드[*] 형태로 존재한다. 바이오디젤은 식물성 기름에 메탄올을 혼합한 후, 일정 온도로 반응시켜 생산한다. 이 때 반응을 촉진하기 위해 알칼리 용액을 첨가하기도 한다.

국내 정책이나 산업 기반이 마련되지 않은 바이오에탄올에 비해, 바이오디젤은 정부와 국내 정유사들이 자발적인 협약을 맺어 바이오디젤 0.5퍼센트를 혼합한 경유(BD0.5)를 2006년부터 판매하기 시작했다. 이후 2012년까지 3퍼센트 혼합을 목표로 매년 0.5퍼센트포인트씩 혼합 비율을 올려나갔으나, 예산과 원료 수급 문제가 제기되면서 2010년 2퍼센트(BD2)까지 올린 뒤로는 한동안 이 비율을 유지했다.

그러다 2015년 7월부터 신재생에너지 연료 혼합 의무제를 시행하면서 이 비율은 2.5퍼센트로 올랐다. 바이오디젤 혼합 비율을 법적으로 의무화하는 제도가 본격 시행된 것이다. 이후 2018년 3퍼센트로 올린 데 이어, 2021년 7월에는 혼합 의무 비율 개정안이 국무회의를 통과하면서 다시 3.5퍼센트로 올렸다. 이 개정안은 혼합 의무 비율을 3년 단위로 0.5퍼센트포인트씩 단계적으로 높여, 2030년 5퍼센트까지 올린다는 내용을 담고 있다.

[*]   지질의 한 종류. 글리세린 분자 한 개에 지방산 분자 세 개가 에스터ester 결합을 하는 구조를 띤다.

바이오디젤은 일반 경유 차 연료를 완전히 대체할 수 있으면서도, 경유에 비해 배기가스가 적게 배출된다. 황산화물^{SOx}, 질소산화물^{NOx} 같은 대기오염 물질도 상당량 줄일 수 있는 것으로 알려져 있다. 특히 그동안 폐기물로 버려진 폐식용유를 바이오디젤 생산에 재활용할 수 있는 것은 큰 장점이다. 국내에서는 연간 17만 7,000톤의 폐식용유와 동물성 기름이 바이오디젤의 원료로 사용되고 있다.[4]

그 밖의 바이오디젤 생산 방법

바이오디젤의 주요 원료인 식물성 기름은 국내 생산량이 거의 없어서, 대부분 수입해 쓰고 있다. 따라서 국내에서는 3세대 바이오매스의 원료인 미세 조류로 바이오디젤을 생산하는 방법이 연구되고 있다.

미세 조류는 물과 이산화탄소, 태양광으로 광합성해 성장하는 수생 미생물이다. 식물성 기름이나 동물성 기름과는 달리 식용이 아니라는 장점이 있다. 하수와 해수 등 다양한 수자원을 이용할 수 있어서, 기존 육상 식용작물과 경쟁하지 않는다. 단위면적당 바이오매스 생산성도 1세대 바이오매스보다 20~100배 가까이 높아, 국내에서 확보할 수 있는 차세대 생물자원으로 큰 관심을 받고 있다.

바이오디젤의 원료가 되는 성분은 미세 조류에 함유된 지질이다. 특정 미세 조류에는 중량의 최대 80퍼센트까지 지질을 축적하는 특성이 있다. 이 지질을 원료로 쓰기 위해, 지질을 고효율로 생산하는 미세 조류의 균주 개발, 미세 조류의 대량·고농도 배양과 수확, 지질 추출, 바이오디젤 전환 최적화 등 다양한 연구가 수행되고 있다.

최근에는 바이오매스를 발효시켜서 생산한 지질로 바이오디젤을 만드는 연구도 이뤄지고 있다. 특히 야로위아 리폴리티카*가 포함된 효모 기반 균주를 활용한 연구에서는 미생물 중량 대비 90퍼센트 이상 지질을 축적하는 효모 균주 개발이 보고된 바 있다.[5]

바이오에탄올의 대부분을 생산하는 사카로미세스 세레비지에를 비롯해, 효모 균주는 대개 생장 속도가 빠르고 고농도 배양이 가능하며, 저해 물질이나 고농도 생산 물질에 대한 저항성이 강하다는 특성이 있다. 유전자를 조작하기 쉽고, 세포가 세균보다 크기 때문에 배양액에서 분리하기 쉽다는 장점도 있다.

바이오 항공유

지구 온실가스의 3퍼센트가량은 항공 부문에서 발생한다. 2040년에는 항공 운항 수요가 지금보다 두 배 이상 증가하고, 2050년에는 항공 부문의 온실가스 배출량이 현재 0.9기가톤에서 2.1기가톤으로 증가할 전망이다.[6] 항공 부문의 온실가스 감축 수단으로 여러 종류가 있지만, 이 중 효과가 가장 큰 것

---

* _Yarrowia lipolytica_. 효모의 한 종류. 균주 내에 지질을 축적하는 특성이 있다.

은 대체 연료 사용이다. 화석연료 기반의 기존 항공유를 재생 가능한 바이오 항공유로 대체하는 것이다.

바이오 항공유는 재생 가능한 바이오매스를 원료로 생물, 화학 공정을 거쳐 항공연료 기준에 맞게 합성한 연료라고 할 수 있다. 화석연료 기반의 기존 항공유 대비 40~82퍼센트의 온실가스 저감 효과가 있다.[7] 이 분야에서 기술 성숙도가 가장 높은 것으로는 OTJ$^{Oil-to-Jet}$가 꼽힌다. OTJ는 폐식용유 같은 식물성 지질과 우지 같은 동물성 기름, 미세 조류 등의 미생물에서 유래한 지질로 바이오 항공유를 생산하는 기술이다. 이 공정을 수소화라고 하며, 폐식용유를 제트연료로 사용할 수 있는 범위의 탄화수소 항공유로 바꾸기 위해 꼭 필요한 과정이다.*

이 밖에도 식물성 기름이나 미생물 오일을 고온 고압의 물과 반응시키거나, 바이오매스를 산소가 없는 고온 조건에서 짧은 시간 동안 반응시킨 뒤 바이오 항공유 기준을 만족하도록 탈산소화 등을 거쳐 OTJ 기반의 바이오 항공유를 생산할 수 있다.

최근에는 리그닌으로 항공유를 만드는 연구도 보고되었다. 리그닌은 앞서 설명했듯 2세대 바이오매스를 만들면서 폐기물로 분리되는 물질이다. 리그닌은 제지 공정에서도 얻을 수

*   핀란드 국영 정유사인 네스테오일은 바이오에너지 부문에서만 연간 영업이익의 80퍼센트에 가까운 2조 원가량을 벌어들이고 있다(유종익 외, 2019).

있다. 종이의 원료인 셀룰로스를 목재에서 분리하면, 목재의 20~40퍼센트를 차지하는 리그닌을 포함해 폐액이 다량 발생한다. 리그닌 폐기물을 열분해 해서 오일과 유사한 성상을 얻을 수 있다고는 해도, 품질이 낮고 점도가 높아서 그동안은 보일러 연료로 써왔다. 코발트·몰리브데넘 금속 촉매로 리그닌 오일에 수소첨가 반응을 일으켜 분해시키면 점도가 낮아지며, 여기에 산소 제거 같은 연속 공정을 거침으로써 바이오 항공유급 연료로 만들어낼 수 있는 것이다.[8]

항공기는 육상 운송 수단에 비해 무게가 많이 나가고, 부피가 커서 전기 항공기로 전환하기 어려운 특성이 있다. 게다가 항공 부문은 재생에너지를 거의 사용하지 않다 보니, 바이오 항공유의 생산 규모는 전체 항공유 소비의 0.004퍼센트 수준에 머물고 있다. 이에 유엔 산하 기구인 국제민간항공기구는 항공 부문의 탄소중립을 위한 '국제 항공 탄소 상쇄 감축 제도'를 결의해 2021년부터 시범 운영에 들어가기로 했다. 현재 우리나라를 포함한 88개국이 참여를 선언했다.

국제민간항공기구는 2027년부터 항공유 온실가스 규제를 시행할 예정이다. 항공 부문 온실가스 배출을 억제해 2050년까지 2020년 수준으로 줄인다는 내용이다. 바이오 항공유 개발이 그만큼 절실할 수밖에 없다.

바이오 연료 활성화를 위한 정책

신기후 체제에 대응하는 현실적 방안으로 바이오 연료가 부각되면서, 많은 나라가 기존 화석연료에 바이오 연료를 의무적으로 혼합하는 정책을 적극 도입하고 있다. 유럽연합은 7퍼센트, 미국은 2~10퍼센트, 캐나다 2~4퍼센트, 브라질 10퍼센트, 인도 20퍼센트, 태국 7퍼센트 수준의 바이오 연료 혼합률을 제시하고 있다.[9] 바이오 연료의 사용 확대는 이미 세계적인 추세가 되고 있다.

우리나라는 아직 갈 길이 멀다. 바이오에탄올 혼합은 여전히 시행하지 못하고 있으며, 바이오디젤의 경우 비교적 낮은 혼합률로 부진한 편이었으나 최근 '신에너지 및 재생에너지 개발·이용·보급 촉진법' 시행령 개정안이 마련된 점은 고무적이다. 개정안은 국내 신재생 연료 혼합 의무화 비율을 올리고, 바이오디젤의 혼합률을 단계적으로 상향하는 내용을 담고 있다. 하지만 미국과 유럽, 아시아 주변국의 바이오 연료 사용 현황이나 신재생에너지 연료 혼합 의무제 정책과 비교한다면, 우리나라는 보다 적극적인 정책이 필요한 상황이다.

바이오 연료의 필요성을 인식하면서도 적극적인 투자와 활용으로 이어지지 않는 이유에는 여러 가지가 있지만, 국내에서 과연 바이오매스를 충분히 확보할 수 있는지가 가장 큰 이슈일 것이다. 하지만 원유 생산국도 아니면서 석유화학 산업 규모는 세계 5위, 석유 정제 능력은 세계 7위 수준으로 원유 기반 산업을 일으킨 저력이 우리나라에 있음을 상기하자. 단지 바이오매스가 부족하다는 이유로 바이오 연료의 생산과 보급을 미루는 것은 세계적인 흐름에 부합하지 않는 것이다.

우리나라는 국토 면적에서 산림이 차지하는 비율이 핀란드, 스웨덴, 일본에 이어 세계 4위 수준이다.[10] 산림 연간 생장률 4퍼센트를 가정할 경우, 매년 약 1,100만 석유환산톤*에 해당하는 산림 바이오매스의 활용이 가능하다. 이는 국내 원유 수요의 9.4퍼센트에 해당하는 양으로서, 충분히 의미 있는 규모라고 할 수 있다. 그뿐만 아니라 간벌목과 임지 잔재, 다양한 폐목재를 원료로 활용할 경우, 더 많은 바이오연료를 생산할 수 있다. 더불어 해외 바이오매스 확보를 위한 정부 외교 차원의 노력과 함께 산업계의 진출 및 투자가 이뤄진다면, 국내 바이오 연료 활성화에 크게 기여할 수 있을 것이다.

---

* ton of oil equivalent, TOE. 석유 1톤이 갖는 열량을 뜻한다. 1TOE는 107킬로칼로리에 해당한다. 산림 연간 생장률이 4퍼센트인 경우, 국내 임산 바이오매스는 연간 약 1,100만 TOE를 사용할 수 있다. 이는 약 1억 1,731만 4,000TOE에 달하는 국내 연간 석유 수요의 9.4퍼센트다.

파리협정은 지구 온도의 상승 폭을 산업혁명 이전 대비 섭씨
1.5도 이하로 유지하며, 섭씨 2도를 넘지 않는다는 목표를
세워 196개 국가가 합의한 협정이다. 이 목표를 위해 IPCC는
2050년까지 탄소중립을 달성할 필요성을 제기했다. 우리나라도
이에 맞춰 2020년 12월 '2050 탄소중립'을 선언했지만, 2017년
기준 이산화탄소 연간 배출량이 7억 910만 톤 CO_2eq에 이르며
세계 11위를 차지하기도 했다.

CO_2eq

온실가스 배출량을 이산화탄소로 환산한 양을 나타낸다.
각각의 온실가스 배출량에 온실가스별 온난화지수GWP를
곱한 값을 누계해 도출한다.

우리나라처럼 특히 연료 연소 부문에서 탄소 배출량이 많은
경우, 에너지 효율화로 전체 에너지 사용량을 줄이는 한편
에너지원을 신재생에너지로 전환하는 방법이 탄소 배출량
감소에 가장 효과적이다. 이는 온실가스 배출이 많은 철강,
석유화학, 시멘트 산업에도 적용할 수 있다. 문제는, 온실가스를
줄이는 동시에 경제성장이 가능하느냐는 것이다. 이를 일컬어
탈동조화decoupling라고 한다. 서로 연관된 것으로 간주되는 두
요인이 같은 방향으로 변화하는 현상이 동조화coupling라면,
탈동조화는 동조화에서 벗어난 때를 가리킨다.*

실제로 온실가스 배출과 경제성장의 탈동조화를 이루고 있는 북유럽 사례를 살펴보자. 우리보다 발 빠르게 탄소중립에 나선 북유럽 국가들은 에너지 전환과 효율화에 주목했다. 덴마크의 경우에는 2020년 한 해 동안 생산한 전체 전력의 78.21퍼센트를 재생에너지로 충당했다. 0.4퍼센트에 불과했던 1985년에 비하면 엄청난 발전이다. 덴마크는 1970년대 오일쇼크 이후 40년 동안 탈화석연료 정책을 꾸준히 추진해왔다. 2020년 6월에는 기후법을 통과시켜, 2030년까지 온실가스 배출을 1990년 대비 70퍼센트 수준으로 감축한다는 정책을 수립했다.

한편 스웨덴 또한 유럽연합 회원국 가운데 가장 효과적으로 탄소 배출량을 줄이고 있는 국가다. 재생에너지가 전체 발전량의 67퍼센트를 넘을 뿐 아니라, 최종 에너지 소비 기준으로는 54.6퍼센트에 이르러 유럽연합 회원국 가운데 가장 높은 비율을 보인다. 석탄에 대한 발전 보조금이 낮고, 재생에너지 전력 가격이 합리적으로 책정된 점이 성공 요인으로 꼽힌다. 정부의 강력한 의지와 함께 민간 기업이 주도적으로 경영전략을 마련하고, 기술 개발과 투자에 앞장서면서 이뤄낸 성과라고 볼 수 있다. 스웨덴은 2040년까지 재생에너지 비중을 100퍼센트로 확대한다는 목표와 함께, 2050년까지 세계 최초 탈화석연료 국가가 되겠다는 비전도 선언한 바 있다.

우리나라는 2010년 '저탄소 녹색 성장 기본법'을 제정해, 그린 기술과 산업을 새로운 국가 성장 동력으로 활용하는 법적 기반을

---

*   예를 들어, 경제가 성장할수록 각종 산업에서 생산·서비스 활동이 왕성해지기 때문에 온실가스 배출도 증가하리라 예상할 수 있다. 이 경우 동조화라고 볼 수 있다. 반면 경제가 지속적으로 성장 중인데도 온실가스가 도리어 감소한다면, 탈동조화라고 볼 수 있다. 탈동조화의 여부는 국내총생산과 온실가스 배출량의 변화 추이를 비교 분석해 확인한다.

마련했다. 또한 이 법을 근거로 종합 계획인 '녹색 성장 5개년 계획'과 세부 계획인 '기후변화 대응 기본 계획' '에너지 기본 계획' 등을 5년 주기로 수립함으로써, 보다 구체적인 저탄소 녹색 성장 방안을 마련해왔다. 특히 이 중에서 '기후변화 대응 기본 계획'은 기후변화 대응 최상위 계획으로서, 부분별·연도별 온실가스 감축 대책, 기후변화 적응 대책(기후변화 감시·예측·영향 및 재난 방지), 그린 기술 및 그린 산업 육성 방안, 국가-지방자치단체 협력 기반 구축 등의 내용을 포괄한다. 2022년에는 기존의 저탄소 녹색 성장 기본법을 대체하는 '기후위기 대응을 위한 탄소중립·녹색 성장 기본법'을 제정해, 기후변화 대응과 녹색 성장을 위한 법적 체계를 더욱 공고히 하고 있다.

3부

에너지 관리의 최적화

재생에너지는 기상 조건에 따라 효율이 크게 달라진다. 태양광발전의 경우 볕이 강한 날은 전력이 초과 생산되어 처치 곤란이다가, 해가 숨으면 생산량이 삽시간에 부족해진다. 풍력발전도 마찬가지다. 바람이 세면 폭풍처럼 전력을 쏟아내지만, 바람이 약해지면 수확이 거의 없어져버린다.

이 지점에서 전력 저장의 문제가 대두된다. 재생에너지는 발전 기술 자체도 중요하지만, 잉여 전력을 저장해두었다가 나중에 사용할 수 있게 하는 기술 또한 발전 기술 못지않게 중요해지는 것이다. 3부는 다양한 에너지 저장 방식과 기술 현황을 살펴보는 것으로 출발한다.

전기에너지는 생산되고(공급), 특정 경로를 통해 전달되어(유통), 궁극적으로는 소비된다. 기존의 전력 계통에서는 공급 단계의 발전량을 통제함으로써 전체 균형을 조절했다. 하지만 신재생에너지에서는 같은 방식이 통하지 않는다. 기상 환경에 따라 발전 출력이 수시로 바뀌기 때문이다. 새로운 에너지의 시대에는 생산량과 유통량, 소비량까지 모든 요소를 종합적으로 예측해야 제대로 전력을 운용할 수 있다. 여기서는 두 장에 걸쳐, 전력 계통이 어떻게 달라져야 하고 어떤 기술이 필요한지 알아본다.

재생에너지 저장

우리나라는 2030년까지 재생에너지 비중을 20퍼센트로 올린다는 '재생에너지 3020 이행 계획'을 2017년 발표한 바 있다. 이 계획에 따르면 누적 용량 63.8기가와트의 재생에너지 설비가 2030년까지 보급되는데, 이 가운데 85퍼센트를 태양광발전(36.5기가와트)과 풍력발전(17.7기가와트)이 차지한다. 화력발전 대신 태양광발전과 풍력발전을 많이 할수록 온실가스 배출은 줄이겠지만, 기상 상황에 따라 시시각각 변하는 출력 변동을 해결할 수 있어야 안정적으로 전력을 공급할 수 있다.

가령 제주도의 경우 태양광발전과 풍력발전을 꾸준히 늘려, 재생에너지가 차지하는 발전 비중이 16퍼센트가 넘는다. 전체 2기가와트 발전설비 가운데 720메가와트가 태양광과 풍력이다(2020년 말 기준). 하지만 정해진 전력 수요를 초과해서 전력을 생산하는 사례가 많아지면서, 2020년만 해도 총 77번 풍력발전을 멈춰야 했다. 재생에너지의 출력 제한은 특정 시간대에 과도하게 생산된 전력으로 인한 전력망 피해를 줄이기 위해 재생에너지의 출력을 조절하는 것을 뜻한다. 출력 제한을 통해 전력망 내 과부하를 방지하고, 전력 계통의 안정을 유지할 수 있다.

재생에너지 저장 방식 — P2P와 P2X

태양광발전과 풍력발전이 확대될수록 잉여 전력은 더 많이 발생한다. <그림3-1>은 태양광발전과 풍력발전을 기준으로 잉여 전력과 부족한 전력을 1년간 합산하여 그 비율을 표현했는데, 태양광과 풍력 보급률이 올라갈수록 잉여 전력의 비율도 크게 증가하는 현상을 볼 수 있다. 문제는, 이렇게 잉여 전력이 발생하는 시점도 있지만 반대로 바람이 약하거나, 흐린 날 혹은 해가 진 저녁 이후에는 전력 생산이 부족한 경우도 함께 발생한다는 점이다. 이때는 화력발전의 출력을 올려서 전력 수요를 맞춰야 한다. 그만큼 탄소 배출도 늘어나는 것이다.

만약 잉여 전력이 발생할 때 출력 제한을 두지 않고, 남는 전력을 저장할 수만 있다면 나중에 필요할 때 저장된 전력을 사용할 수 있을 것이다. 이렇게 잉여 전력을 저장해 활용하는 것을 P2P^{Power-to-Power} 방식이라고 한다. <그림3-1>에서 잉여 전력의 일부(①)를 저장하였다가 전력이 부족할 때 사용하는 것(① → ②)이 P2P 방식이다.

실제로 제주도에서는 이러한 방안과 더불어, 잉여 전력을

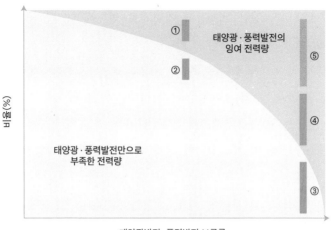

그림 3-1. 태양광발전·풍력발전 보급률에 따른 잉여 전력과 부족한 전력의 비율

열로 변환해 냉난방 등에 활용하는 방안도 마련하고 있다. 하지만 P2P로 보충해도 전력이 부족하다면, 현재 제주도에서 하듯 대부분 화력발전으로 보충하게 된다.

다시 <그림3-1>을 보면, 태양광발전·풍력발전의 보급률이 올라갈수록 P2P로 충당할 수 있는 비율도 함께 올라간다. 그런데 보급률이 어느 수준에 도달하면 태양광발전·풍력발전만으로 부족한 전력(③)을 모두 P2P로(④ → ③) 채울 수 있게 된다. 그림에서 ⑤에 해당하는 부분은 부족한 전력을 다 채우고도 남아 있는 잉여 전력이다. 보급률이 올라갈수록 ⑤와 같은 여분의 잉여 전력도 늘어나는데, 전력이 아닌 다른 형태로 바꿔서 활용하는 것이 효율적이다. 이렇게 잉여 전력을 열이나 수소에너지 같은 비非전력 에너지로 변환해서 사용하는 것을 일컬어 P2X^Power-to-X라고 한다.

P2X도 탄소중립을 이루는 데 중요한 역할을 한다. 가령 연간 전력 소비는 약 3.4메가와트시이며, 열 소비는 8.5메가와트시 정도로 전력보다 2.5배 많은 집이 있다고 하자. 이 집에서 탄소중립을 이루려 할 때, 전력 부문은 가정용 태양전지와 전력 저장 장치로 어느 정도 가능하다. 반면 도시가스를 공급받아서 쓰는 열 부문은 탄소 저감이 불가능하다. 만약 재생 전력을 수소로 변환시키는 P2X 방식을 통해 도시가스 대신 그린 수소를 공급받는다면, 열 소비에서도 탄소중립에 근접할 수 있을 것이다.

요컨대, 태양광발전·풍력발전에서 발생하는 잉여 전력은 P2P 방식으로 저장했다가 나중에 전력이 부족할 때 사용할 수 있다. 그리고도 남는 전력은 P2X 방식을 통해 열이나 수소 에너지 형태로 활용하거나 저장할 수 있다. 결국 잉여 전력을 저장하는 방법은 크게 일반 전력 저장, 열 저장, 수소 저장으로 나눌 수 있다.

일반 전력 저장

태양광발전·풍력발전이 생산한 전력을 배터리 같은 전력 저장 장치에 충전한 후, 필요할 때 방전해 전력을 공급하는 방식이다. 배터리를 사용하지 않는다면 물리적 저장도 가능하다. 가령 양수 발전이나 압축공기 저장, 플라이휠 같은 방법을 사용하는 것이다. 전기적으로도 저장할 수 있는데, 이때는 수퍼커패시터super capacitor라는 장치를 쓰게 된다.

열 저장

재생 전력을 열 형태로 저장하고, 필요할 때 다시 열이나 전력으로 바꿔 사용하는 방식이다. 전기 히터나 열펌프 같은 장치를 써서 재생 전력을 열로 변환시킨 후, 모래나 용융염molten salt 등에 저장한다. 그러다 전기가 필요할 때에는 열로 증기를 발생시켜, 스팀 터빈steam turbine을 돌리는 방식으로 전력을 생산한다. 스팀 터빈 외에도 열전발전으로 전력을 만들 수 있다. 고온의 열은 난방에 활용할 수 있다.

> **열전발전**
>
> 열전발전은 온도 차가 있는 곳이면 어디서든 가능한 전력 생산방식이다. 열에너지의 전력화라고도 한다. 특정 소재의 양 끝에 온도 차가 발생하면 전자가 이동하는 물리 현상(제베크효과Seebeck effect라고 한다)을 이용해 전력을 발생시키는 방식으로서, 열전 소재로 만든 소자(열전 반도체)의 양 끝에 온도 차가 발생하면 고온부의 전자가 저온부로 이동하면서 전위차가 발생해 전기에너지가 생성되는 원리다.

잉여 전력을 P2P로 저장해두었다가 필요할 때 열로 바꿔 이용할 수도 있다. 또한 잉여 전력을 수소 형태로 저장했다가 필요할 때 그대로 연소시키거나, 수소로 메테인, 암모니아 같은 화합물을 만들고 나중에 이를 연소시키면 열을 얻을 수 있다. 반대로 고온의 열이 아니라 잉여 전력으로 얼음을 만들어 저장할 수도 있다. 이는 냉방에 이용된다.

수소 저장

재생 전력으로 수전해 해서 만든 수소는 다양한 방법으로 저장할 수 있다. 전력이 필요하다면 연료전지나 수소 터빈에 수소를 공급해 전력을 생산한다. 저장된 수소는 수소 충전소에서 충전하거나 도시가스망에 주입해 쓸 수 있다. 수소는 도시가스망에 10퍼센트가량 혼합해도 이상이 없는 것으로 알려져 있다. 또한 재생 전력으로 생산한 수소를 메테인, 암모니아, 메탄올 등 다양한 화합물로 합성해 저장할 수 있다.

Power-to-Gas

P2G Power-to-gas는 바이오 가스에 포함된 이산화탄소를 수소와 반응시켜 메테인을 생산하고, 이를 도시가스망에 주입해서 저장하는 방식이다. 이때 발전소 배기가스에서 포집한 이산화탄소를 쓰기도 한다. 메테인은 도시가스의 주성분으로, 도시가스망에 넣어도 아무런 문제가 없다. 도시가스망이 잘 발달되어 있다면, P2G는 테라와트시급 대규모 에너지를 장기간 저장할 수 있다. 따라서 잉여 전력이 많이 발생할 때 매우 중요한 에너지 저장 방식이다. 도시가스망에 저장된 메테인은 이후 가스 발전이나 연료전지를 거쳐 다시 전력으로 만들

어 쓸 수 있다. 보일러를 통해 열로도 변환 가능하다. 가정집에 P2G로 생산된 메테인을 공급할 수 있다면, 현재 도시가스와 보일러를 쓰는 방식을 그대로 유지하면서 열 부문의 탄소중립이 가능할 것이다.

Power-to-Ammonia

공기 중에서 분리한 질소를 그린 수소와 합성할 경우에는 '그린 암모니아'를 얻을 수 있다. 그린 암모니아는 필요한 곳에 바로 쓸 수 있다. 연소시켜서 열과 전기를 얻을 수 있는가 하면, 다시 수소로 분해해서 다양한 곳에 활용 가능하다. 재생에너지의 비중이 낮은 우리나라는 탄소중립을 위해 청정에너지를 수입할 수밖에 없는데, 호주나 중동 국가처럼 재생에너지원이 풍부한 나라에서 만든 그린 암모니아를 도입하는 것도 하나의 대안으로 고려되고 있다.

Power-to-Liquid

P2G와 같이 이산화탄소를 수소와 반응시키되, 가스가 아닌 액체 화합물로 합성하는 방법이다. 이미 상용화된 합성 공정을 통해 메탄올이나 가솔린 같은 액체연료를 생산할 수 있다. 액체 화합물은 수소에 비해 에너지 밀도가 높고 운송이 쉬우며, 기존 인프라를 그대로 사용할 수 있다는 장점이 있다. 수소를 유기물에 바로 저장할 수도 있는데, 이 액체 유기물을 LOHC^{Liquid Organic Hydrogen Carrier}라고 한다.

소규모 P2P 전력 저장 — BESS와 HESS

여기 3년 전 아파트 베란다에 태양광 패널 두 장을 설치한 집이 있다고 하자. 집주인은 지구를 살리겠다는 일념으로 베란다를 여섯 장의 패널로 덮으려 했다. 하지만 패널 한 장에 대해서만 보조금이 나오는 데다 창문을 많이 가려야 하는 것도 부담스러워, 두 장을 설치하는 데 그쳤다. 해가 잘 비치는 날에는 낮 시간대 전력 수요보다 발전량이 많아 약 1킬로와트시의 잉여 전력이 발생하기도 했다. 하지만 한전은 소용량 태양전지에 대해서는 잉여 전력을 따로 보상하지 않으므로, 한전에서 고스란히 무상으로 가져가는 상황이다.

만일 처음 계획대로 패널 여섯 장을 설치했다면 어땠을까. 이 집은 하루 전력 수요가 10킬로와트시 수준이다. 계산 결과 날씨가 좋을 때 발생하는 잉여 전력은 8킬로와트시 정도로 예상된다. 따라서 비슷한 용량의 에너지 저장 장치를 갖춘다면, 낮에 저장한 전력으로 아침, 저녁, 밤 시간대 전력을 모두 충당할 수 있을 것이다. 반면 날씨가 흐린 날은 태양전지 출력이 전력 수요에 비해 매우 낮다. 이런 날은 맑은 날 저장해둔 전력을 사용하면 될 것이다. 다만 에너지 저장 장치가 하루 전력 수요 10킬로와트시만큼의 에너지를 며칠 동안 저장할 수 있어야 한다. 이렇게 며칠간 소규모 전력을 저장하는 방법으로는 배터리를 이용한 에너지 저장 시스템^{battery-based energy storage system, BESS}과 수소를 이용한 에너지 저장 시스템^{hydrogen-based energy storage system, HESS}이 대표적이다. 이 중 가정용으로 보편적인 수단은 배터리 저장 방식, BESS다. 휴대전화에 사용하는 리튬 이온 배터리를 더 큰 용량으로 만들었다고 이해하면 된다. 소비자가 구매할 수 있는 가정용 BESS 제품은 시장에 출시되어 있다.

태양광발전용 BESS는 배터리와 주변장치로 구성된다. 또한 배터리의 충·방전을 관리하는 배터리 관리 시스템이 있어야 안전하게 사용할 수 있다. 배터리 관리 시스템은 전력 변환 장치와 에너지 관리 시스템으로 구성된다. 전력 변환 장치는 태양전지와 배터리에서의 직류 전력을 교류로 변환시켜주고, 에너지 관리 시스템은 전체 에너지를 제어해 효율적인 운영을 가능하게 해준다. 중요한 것은 충·방전 전력이다. 배터리를 물통에 비유하면, 물통의 크기는 저장 용량, 충·방전은 물을 채우거나 빼는 과정에 해당한다. 이때 물을 붓거나 빼는 속도가 충·방전 전력이다. 따라서 충·방전 전력은 재생에너지의 출력 변화나 전력 수요에 대응해 전력을 얼마나 빨리 저장하거나 방출하는지를 나타내는 척도다.

따라서 발전량이 사용량보다 많은 봄과 가을에 전력을 저장했다가, 여름이나 겨울에 냉난방용으로 쓰면 좋을 것이다. 다만 이 경우에는 며칠이 아니라 몇 달 동안 전력을 저장할 수 있어야 한다. 저장 용량도 수백 킬로와트시 수준은 되어야 한다. 이러한 장기간 전력 저장에는 BESS보다 수소를 이용하는 HESS가 유리할 수 있다.

계절 간 전력 저장이 가능한 HESS는 수전해 장치와 수소

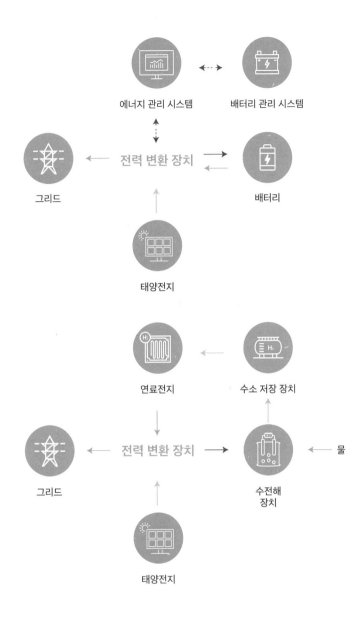

그림 3-2. 태양광발전 연계 BESS 구성(위)과 HESS 구성(아래)

저장 장치, 연료전지로 구성된다. 수전해 장치는 전력을 수소로 전환하는 역할을 한다. 이렇게 전환된 수소는 고압 수소의 형태로 저장되거나, 수소 저장 합금에 저장된다. 그 뒤 몇 달이 지나 에너지가 필요해지면, 저장된 수소를 연료전지에 공급한다. 연료전지는 수소로 전력과 열을 생산한다. 현재 가정용 HESS는 300킬로와트시 이상의 전력을 저장하는 수준으로 개발되고 있다.

요컨대 BESS는 비교적 단기간 전력 저장에 적합하고, HESS는 몇 달에 걸친 장기간 전력 저장에 적합하다. 전체 에너지 변환 효율은 BESS가 90퍼센트 이상, HESS는 50퍼센트 미만으로 차이가 크지만, 그럼에도 경제성 면에서는 HESS가 장기간 P2P에 유리할 수 있다. 최근에는 BESS와 HESS를 통합해서 단기간 저장은 물론 계절 간 전력 저장까지 가능한 시스템이 개발되고 있다.

제주도 사례로 살펴보는 대규모 P2P와 P2X

재생에너지를 보다 대규모로 저장하려면 BESS와 HESS 외에 다양한 P2P 방식을 적용할 수 있다. 또한 P2X를 통해 다른 에너지 형태로 전환할 수도 있다. 제주도는 '탄소 없는 섬'을 이룬다는 비전에 따라 재생에너지의 비중을 계속 높이고 있다. 그러자 잉여 전력에 대한 출력 제한도 빈번해졌다. 잉여 전력은 주로 낮 시간대에 발생하고, 그 규모가 100~125메가와트에 달하기도 한다. 만약 125메가와트의 전력을 몇 시간 저장했다가 저녁에 내보낼 수 있는 전력 저장 장치를 갖춘다면, 출력 제한 없이 효율적으로 재생에너지를 사용할 수 있을 것이다.

이러한 목적에서 우선 고려되고 있는 것은 배터리를 사용하는 BESS 저장 방식이다. BESS는 배터리 기술이 발달하면서 현재는 100~1,000메가와트시 수준까지 실증이 이뤄졌다. 우리나라도 100메가와트급 태양광발전소에 300메가와트시 이상의 용량을 가진 BESS를 최근 들어 설치했다. 대용량 BESS에 적용하는 배터리는 주로 리튬 이온 전지다. 휴대전화나 전기 자동차는 부피 대비 가벼운 전지를 써야 하지만, 전력 저장 장치에서는 다소 무겁더라도 경제적인 전지가 필요하다. 이를 위한 기술 개발을 지속하고 있으며, 안정성이 보다 향상된 리튬 이온 전지와 리튬보다 값이 싼 금속을 쓰는 전지도 개발하고 있다.

BESS는 재생에너지 발전 단지에 설치하는 것이 일반적이다. 하지만 저장 용량이 커지면 비용도 함께 올라간다. 제주도는 2021년 전기차 등록 대수가 2만 대를 넘었다. 따라서 잉여 전력이 발생하는 시간대에 전기 차 배터리를 충전시키면, 대규모 BESS를 별도로 설치하는 비용이 줄어들 것이다. 전기 차 배터리는 보통 40킬로와트시 이상의 전력을 저장할 수 있다. 적절한 보상 방안을 마련해서 잉여 전력이 발생할 때 전기 차 충전을 유도할 경우, 지금도 800메가와트시 이상 전력 저장이 가능하다. 전기 차에 저장된 전력은 주행 목적 외에도, 전력이 부족할 때 필요한 곳에 공급될 수 있다. 이렇게 전기 차를 전력 계통(그리드)과 연결시켜 전력을 저장하고 이용하는 방식을 V2G^Vehichle-to-Grid라고 한다.

배터리보다 장기간 전력 저장이 가능한 방법에는 양수 발전과 압축공기 저장, 수소 저장이 있다. 양수 발전은 높은 곳의 저수지로 물을 끌어 올렸다가 필요할 때 아래로 방류하면서 발전하는 방식이다. 1,000메가와트시 이상의 용량을 저장할 수 있으며, 저장 기간도 길어 대용량 전력 저장에 적합하다. 하지만 저수지를 높은 산에 별도로 조성하려면 입지 선정과 환경 파괴 같은 문제가 발생해, 제주도에는 도입하기 어렵다. 따라서 최근에는 콘크리트 블록과 기중기를 사용하는 기술도 제안되고 있다. 이는 잉여 전력이 발생할 때 기중기의 모터로 무거운 콘크리트 블록을 들어 올려 쌓아두고 있다가, 전력이 필요할 때 블록을 차례로 내리면서 전력을 발생시키는 방식이다. 입지를 선정하는 데 양수 발전보다 이점이 있다.

압축공기 저장은 잉여 전력을 활용해 압축·저장한 공기를 필요 시 터빈으로 보내 발전하는 방식이다. 압축된 공기를 대규모로 저장할 수 있는 동굴이나 지하 암염층 같은 천연 저장소가 있다면, 대용량 전력 저장 방법 가운데 가장 경제적이라고 알려져 있다. 하지만 이 방식 역시 환경문제를 해결해야 한다. 한편 공기를 압축·저장하는 대신 액화시킴으로써 부피를 줄여 저장하는 액화 공기 저장 기술도 개발되고 있다. 액화 공정이 추가되어 전체 효율은 조금 낮아진다. 그렇더라도 천연 저장소가 필요 없다는 장점이 있다.

압축 수소를 위한 천연 저장소만 갖춰진다면, HESS 또한 비교적 경제성 있는 대규모 전력 저장 방식이다. 천연 저장소가 없을 경우에는 수소를 극저온에서 액화시켜 보관하거나, 수소 저장 합금 또는 유기물에 대량 저장했다가 차후 전력으로 변환해서 사용할 수 있다. 하지만 전체 효율이나 경제성은 천연 저장소를 두는 것보다 낮은 편이다.

일반 배터리와는 작동 방식이 많이 다른 흐름 전지^{flow battery}도 대용량 전력 저장에 적합하다고 알려져 있다. 리튬 이온 전지가 전력 저장 물질을 배터리 내에 모두 담고 있는 데 비해, 흐름 전지는 전력을 저장하는 액체 물질을 배터리 바깥의 저장 용기에 보관해두고 있다가 펌프를 통해 배터리 안으로 보내 충·방전시킨다. 충·방전된 물질은 다시 배터리 밖으로 나와 저장 용기에 보관된다. 따라서 전력 저장 용량은 저장 용기의 크기로 결정되며, 충·방전 전력은 배터리 크기에 따라 결정되는 특징이 있다. 이 밖에도 앞에서 언급한 열저장 방식 또한 최근 장기간 대용량 전력 저장 방법으로 많은 연구 개발 이 이뤄지고 있다.

탄소중립이나 에너지 전환에 관심 있는 사람이라면 '스마트그리드'라는 용어를 들어본 적이 있을 것이다. '스마트smart'가 붙은 것들은 스마트폰, 스마트카처럼 양방향 정보 교환으로 효율을 높였다는 공통점이 있다. 한편 '그리드grid'는 격자무늬를 뜻한다. 스마트그리드에서 그리드는 격자무늬처럼 촘촘하게 이뤄진 전력 계통power system을 의미한다. 즉 양방향 정보 교환으로 효율을 높이기 위한 전력 계통이 스마트그리드라고 할 수 있다.

스마트그리드를 이해하려면 전력 계통이 무엇인지부터 알아야 한다. 전력 계통은 발전기에서 생산된 전기에너지가 송전선로를 거쳐, 최종적으로 우리에게 전달되는 과정 전체를 제어·관리하는 시스템을 말한다(<그림3-3>). 고전적인 전력 계통은 발전기, 부하load, 송배전 계통이라는 구성 요소를 갖는

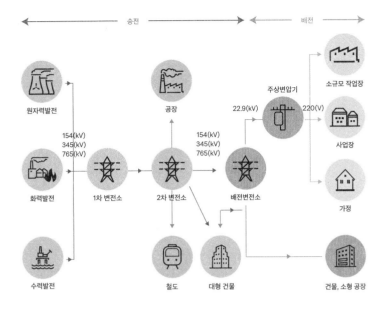

그림 3-3. 전력 계통(발전-부하-송배전) 개념도

데, 여기서 발전기는 전기의 생산을, 부하는 소비를, 송배전 계통은 전달을 나타낸다.

전력 계통의 가장 큰 특징은 전기의 생산과 소비가 동시에 이뤄진다는 점이다. 전기 생산은 소비보다 많거나 적을 수 있다. 어느 경우든 전기를 사용하는 기기나 전력 계통을 구성하는 장치에 부정적인 영향을 준다.

전력 계통 운영자는 소비자가 사용할 일간, 월간, 연간 전력 수요를 매 시점 예측하고, 그에 상응하는 전력을 공급하기 위해 노력한다. 수요 예측에 오차가 있거나 예상치 못하게 설비가 고장나는 상황에도 대비해야 하므로, 잉여 발전설비를 확보하는 한편 출력 조정에 여유가 있는 여러 발전기를 제어하며 수요와 공급을 맞추고 있다.

기존 전력 계통은 이처럼 '공급'을 조절하면서 전력 수급의 균형을 맞춘다. 소비자의 수요까지 제어하지는 못하지만, 공급만큼은 전력 계통 운영자가 제어할 수 있었다. 하지만 발전원이 신재생에너지로 바뀌는 탄소중립 국면에도 이러한 전력 계통을 유지한다면, 공급 제어력을 잃게 될 것이다. 기상 환경에 따라 발전 출력이 수시로 바뀌기 때문이다.

신재생에너지원이 대규모로 도입된 이후에는 전력 수요뿐만 아니라 공급까지 예측해야 한다. 수요와 공급을 맞추기 위해 더 큰 규모의 예비력도 갖춰야 한다. 즉 기존의 전력 계통 운영 방식을 보완하는 차원을 넘어, 전력 계통의 패러다임을 바꾸는 수준의 큰 변화가 요구되는 것이다. 이때 등장하는 키워드가 에너지 저장, 스마트그리드, 고전압 전력 전자 설비다.

앞에서 살펴보았듯 에너지 저장이 전력 계통 내에서 전기에너지 사용의 시간적 제약을 해소하는 핵심 기술이라면, 스마트그리드는 양방향 통신, 즉 스마트미터smart meter를 통해 에너지 활용을 극대화한 새로운 전력 계통을 뜻한다. 전자 통신, 전력 전자 기반 특수 설비, 국가 간 에너지 연계 등 제어 가능한 모든 요소를 동원해 효율성을 높이는 것이다.

탄소중립 시대에 전력 생산이나 공급에서 신재생에너지와

같은 제어 불가능한 요소가 생긴다면, 반대로 소비에서는 제어 가능한 수요 반응이라는 개념이 생길 것이다. 말 그대로 수급 상황에 따라 수요가 반응해 불균형을 해소한다는 뜻이다. 일반 시장경제에서 수요를 결정하는 핵심 요인은 가격이다. 지금의 전력 계통은 전기 요금 체계로 정해진 비용을 전기 사용량에 따라 청구하지만, 만일 전기 가격이 실시간으로 변하고 전력 수요가 이에 반응한다면 수요와 공급을 맞출 수 있을 것이다.

끝으로 고전압 전력 전자 설비는 전기의 능동적 전달과 관련이 있다. 고전적 전력 계통에서는 소비자가 전송 시스템을 통해 중앙 전력을 수동적으로 전달받았다면, 새로운 전력 계통에서는 유연 송전 시스템flexible alternative current transmission system, FACTS, 초고압 직류 송전 시스템high voltage direct current transmission system, HVDC 등의 고전압 전력 전자 설비를 거쳐 분산 전력을 소비자의 실시간 수요만큼 전달하는 능동적 전달이 가능하다.

또한 고전적 교류 시스템에서는 송배전 계통의 제어가 전기 흐름을 끊고 연결하는 정도로 한정적이었다. 때로는 송전선로를 추가 신설해 전기 흐름을 조건부로 제어할 수 있었지만, 이제는 사회적 수용성 문제에 부딪혀 설비를 확충하기도 어렵다. 하지만 스마트그리드는 제어 가능한 구성 요소가 여러 가지다. 필요에 따라 전력 흐름을 제어하며 최적화할 수 있기 때문에, 전력 생산과 소비가 큰 폭으로 변동하는 환경에서 활용 가치가 높을 것으로 예상된다.

신재생에너지원의 확대는 주파수, 전압, 선로 과부하 등 전력 계통에 다양한 영향을 미친다. 우선 주파수는 전기 공급과 수요의 안전성을 나타내는 지표로서, 전력 계통의 맥박과도 같다. 전압은 전력 계통의 혈압에 비유할 수 있는데, 신체에 저혈압과 고혈압의 기준이 있듯 전력의 안정적인 전달을 위해 전력 계통 각 지점이 유지해야 하는 전압의 규정 범위가 있다. 선로 과부하는 말 그대로 정해진 용량 이상의 전력이 선로로 전달되는 상황을 뜻한다. 이는 선로의 절연 파괴 문제로 이어질 수 있다.

절연 파괴dielectric breakdown

허용된 범위 이상의 전압이 가해질 경우, 절연된 물질 간에 전기 저항이 감소해 과전류가 흐르게 되는 상황을 의미한다. 즉 이상 전압에 의해 절연 재료가 손상되는 현상으로서, 누전이나 합선 같은 전력 시스템 사고로 이어질 수 있다.

주파수 제어의 어려움

일반적으로 발전기는 외부 출력원으로부터 기계적 에너지를 전달받아 전기적 에너지로 변환시키는 장치다. 즉 전기의 수요에 맞는 전기적 출력을 만들기 위해 터빈 수차, 전동기, 가솔린 엔진 등으로 기계적 출력을 먼저 발생시키고, 이런 기계적 출력이 발전기 내의 회전체를 돌려 전기적 출력으로 변환된다.

전력 계통은 전력 공급과 소비를 실시간 일치시키는 방식으로 운영된다. 이때 둘의 일치는 주파수로 파악된다. 발전기가 생산하는 전기적 출력과 발전기 내 회전체가 갖는 기계적 출력이 전력 수요와 일치하면 주파수는 60헤르츠로 일정하게 유지된다.

전력 수요가 갑자기 상승할 경우 발전기의 전기적 출력도 곧바로 증가하지만, 기계적 출력은 연료를 추가 공급하기 위해 순간적으로 발전기의 회전 에너지를 사용하면서 회전속도를 떨어뜨리게 된다. 따라서 두 출력 값은 시간 차를 두고 변하게 되고, 발전기 내부에서 일어나는 전기적 출력과 기계적 출력의 차이는 결국 주파수를 감소시킨다. 반대로 전력 수요가 감소할 경우에는 주파수가 올라간다. 어느 경우든 전력 수급의 균형이 깨지면 주파수는 60헤르츠를 넘나들며 변동하게 된다.

결국 60헤르츠를 유지하기 위해서는, 발전기가 전력 수요에 안정적으로 대응하는 환경을 구축하는 것이 핵심이다. 하지만 신재생에너지원의 급격한 확대는 발전기의 제어 부담을 한층 가중시킨다. 발전기는 터빈에 연결된 거대한 자석을 초당 수십 회 이상 회전시켜 유도기전력을 발생시킴으로써 전기를 생산하는 설비다. 발전기의 자석처럼 거대한 회전체는 관성으로 인해 회전속도가 빠르게 변하지 않는다. 반면 신재생에너지원 중 하나인 태양광발전에는 관성처럼 출력 변화를 자체적으로 늦추는 요소가 없다. 자석을 회전시켜서 전기를 만드는 방식이 아니기 때문이다. 햇빛이 사라지면 발전 출력은 즉시 변동하는 것이다.

그동안 신재생에너지원의 급격한 변동성에 대응할 수 있었던 것은, 그만큼 이들이 전체 전력 생산에서 차지하는 비중이 작았기 때문이다. 하지만 향후 신재생에너지원이 크게 증가하면, 발전기의 출력 제어로 대응할 수 있는 한계를 넘어서게 된다. 이는 안정적인 전력 수급을 위해 반드시 풀어야 할 과제다.

선로 이용률의 불균형

바람이 너무 강하거나 약하면 풍력발전기는 전력을 생산하기 어렵다. 태양전지도 날이 흐리거나 해가 저문 이후에는 전기를 만들지 못한다. 신재생에너지원은 풍속, 일사량 같은 기상 상황에 크게 의존하기 때문에 출력의 불확실성, 간헐성, 변동성이라는 특징을 갖게 된다.

신재생에너지원의 비중이 작았던 과거에는 송전선로 증설 같은 투자가 큰 부담이 아니었으나, 지금은 사정이 달라졌다. 신재생에너지원의 출력을 전력 계통에 온전히 전달하려면 최대 출력을 감당할 선로 및 설비가 필요하다. 하지만 신재생에 너지원은 최대 출력을 내는 시간이 매우 짧다. 또한 기상 여건에 따라 기대 수준에 못 미치는 경우도 있다. 이 같은 조건에서 최대 출력을 기준으로 갖춘 설비는 대부분의 시간대에 100퍼센트 활용되지 못한다. 이러한 비효율은 신재생에너지원이 확대될수록 천문학적인 비용 투자를 요구하게 된다.

2030년까지 계획된 국내 신재생에너지원의 설비 용량은 58.5기가와트 수준이다. 한편 전력 계통 부하가 최대일 때를 기준으로 산정한 실효 용량은 8.8기가와트 남짓이다. 다시 말해 8.8기가와트의 전기를 처리하기 위해 58.5기가와트에 해당하는 송배전 설비가 필요하다는 뜻이다. 이는 우리나라 전체 송배전 설비의 절반에 달하는 엄청난 규모다.

계통 전압의 불안정

신재생에너지원은 기상 여건이 좋은 곳에 대규모 단지로 설치하는 것이 대부분이지만, 수용가* 인근에 소규모로 설치하는 비중도 적지 않다. 이러한 소규모 발전 설비는 배전계통에 연계해서 설치하는데, 이는 배전계통의 전압 관리에 문제를 일으키기도 한다.

전력 계통에는, 벗어나면 안 되는 구체적 전압 범위가 전압 수준에 따라 정해진다. 이를테면 전압 22.9킬로볼트 수준의

---

*   end-user. 전기를 공급받는 장소나 소비자를 가리킨다.

배전계통은 20.8~23.8킬로볼트 전압 범위를 유지해야 한다. 하지만 신재생에너지원의 확대는 이 전압 범위를 벗어나는 요인이 될 수 있다.

전력을 소비자에게 전달하는 배전계통은 전력 계통에서 실핏줄과 같은 역할을 한다. 말단으로 갈수록 전압이 낮아지는 구조이기 때문에, 가장 멀리 떨어져 있는 소비자가 정해진 범위보다 낮은 전압의 전력을 공급받지 않게끔 하는 것이 중요하다. 따라서 전압을 올려주는 전압 보상 장치를 배전계통 중간 지점에 설치해 '무효전력'을 공급한다. 무효전력은 유효전력과 달리 부하에서 실제로 소비되지 않지만, 인덕터나 커패시터* 등의 전압 유지를 위해 필요한 전력을 말한다. 무효전력을 공급하면 전압이 상승하고, 소모하면 전압은 떨어진다.

그런데 신재생에너지원이 많아지면 일부 배전계통에서 전력이 반대로 흐르는 문제가 생긴다. 전력을 소비하던 지점이 생산하는 지점으로 바뀌면서, 배전계통 말단에서의 전압이 오히려 높아지는 과전압이 발생하는 것이다. 여기에 신재생에너지원 특유의 변동성이 맞물리면 하루에도 몇 번씩 소비 지점에서 발전 지점으로 뒤바뀔 수 있다. 이처럼 큰 폭으로 변하는 전압을 능동적으로 관리하는 방안도 탄소중립 국면에서 찾아야 할 것이다.

* 인덕터inductor는 전기에너지를 자기에너지로 저장하는 장치다. 전류의 급격한 변화를 막는다. 커패시터capacitor는 충전 배터리와 유사한 기능을 하는데, 전압의 급격한 변화를 막으면서 전압의 흐름을 조정한다.

스마트그리드

스마트그리드는 기존 전력 계통을 지능화·고도화함으로써 에너지 효율을 최적화하는 차세대 전력 계통이다. 기존 전력 계통에 전기·정보 통신 기술ICT을 접목해 전력 공급자와 소비자가 실시간 정보를 양방향으로 교환할 수 있다. 이렇게 공유한 정보로 전력 계통 전체가 하나의 유기체처럼 작동하는 것이 스마트그리드의 기본 개념이다.

현재 전력 계통은 최대 수요량에 맞춰 발전 예비율을 두고, 예상 수요보다 15퍼센트 정도 초과해 전력을 생산하게끔 설계되어 있다. 이에 비해 스마트그리드는 ICT로 양방향 정보 교환을 하면서 합리적인 에너지 소비를 유도할 뿐만 아니라, 고품질 에너지와 다양한 부가가치 서비스를 제공할 수 있다.

기존 전력 계통을 스마트그리드로 전환할 때 필요한 핵심 설비는 스마트미터와 이에 대한 제어 시스템이다. 스마트미터란 스마트그리드에서 사용되는 전자식 전력량계로서, 원격 검침과 실시간 계량, 전력 공급자-수요자 간 양방향 통신을 가능하게 한다. 스마트미터 기반의 제어 시스템을 통해 신재생에너지원과 같은 소규모 분산 전원과 에너지 저장 장치의 출력을 양방향에서 통신으로 제어할 수 있게 되는 것이다. 만일 스마트미터로 부하까지 조절할 수 있다면, 제어 가능한 전력 계통의 모든 구성 요소를 하나로 묶어 언제든 출력을 올리거나 내릴 수 있는(즉 수요 부하에 맞춰 주파수 변동 없이 전력을 공급받게끔 출력을 제어할 수 있는) 통합 자원으로 활용할 수 있다. 발전량을 반영하지 않고 부하 형태로만 반영되던 지역에 신재생에너지 설비가 투입되어도, 출력을 실시간으로 모니터링하고 제어하면서 전력 계통의 주파수와 전압 안정성을 보조하게 된다.

스마트미터를 통한 실시간 정보 공유는 실시간 가격 변동 시장에서도 유용하다. 현재 가정용 전기 요금은 사용량에 따라 단가가 차등 적용되는 누진제를 적용하고 있다. 그런데 매 순간 가격이 변하는 시장이 구축된다는 것은, 전기 요금이 수요·공급의 법칙에 따라 전력 수요가 증가하거나 공급이 감소하면 실시간으로 올라가고, 반대의 경우에는 실시간으로 내려간다는 의미다.

그렇다면 스마트미터 기반의 실시간 시장에서는 발전량(공급)이 감소할 때 가격을 올려 부하(수요) 감소를 유도하고, 반대 상황에서는 부하 증가를 유도할 것이다. 예를 들어 전기차 충전과 같이 전기 사용 시점을 비교적 자유롭게 결정할 수 있는 상황이라면, 가격이 낮게 형성된 시간대로 유도할 수 있는 것이다.

HVDC

신재생에너지원은 기상 조건에 따라 전력 계통에 불안정성을 야기한다. 이때 HVDC를 통해 전력 계통에 안정성을 확보할 수 있다.

주로 장거리 전력 전송에 사용되는 HVDC는 전력을 전달할 때 고압의 직류전류로 바꿔서 송전하는 방식을 말한다. <그림 3-4>에서 볼 수 있듯 구체적으로는 발전소에서 생산된 고압의 교류전력을 직류전류로 변환해 송전하고, 원하는 수전power receiving 지역에 이르면 다시 본래의 교류전력으로 바꿔 공급하는 것이다. 교류를 직류로, 다시 교류로 바꿀 때에는 전력 변환기를 이용한다.

HVDC를 통해 전력 손실은 줄이고, 송전 효율은 높이는 효과를 기대할 수 있다. 또한 교류 선로에 비해 송전선로 길이를 자유롭게 결정할 수 있을 뿐만 아니라, 서로 다른 계통 간에 상호 연계하는 데 유리하며, 송전량을 능동적으로 조정할 수 있다.

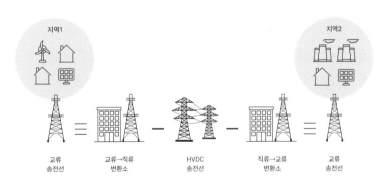

그림 3-4. HVDC 개념도

HVDC 도입에는 구체적으로 두 가지 기대 효과가 있다. 먼저 전력 계통의 선로 이용률을 높일 수 있다. 신재생에너지원의 출력이 급등하는 시간대에 대응하려면 선로 정격 용량도 그만큼 높아야 한다. 하지만 그 외 대부분 시간대에 송전되는 전력은 정격 용량에 훨씬 못 미치게 된다. 전체적인 선로 이용률이 낮을 수밖에 없는 것이다.

이런 상황에서는 선로 정격 용량을 적정한 수준으로 낮춰 잡고, 특정 시간대에 정격 용량 이상으로 출력이 높아졌다면 인근 지역으로 전력을 보내서 해결할 수 있다. 이때 HVDC가 활용되는 것이다. HVDC를 도입하면 선로가 감당하는 피크 전력을 낮출 수 있어서, 선로 정격 용량을 높게 잡지 않아도 된다. 그 결과 대부분 시간대에 송전 전력과 정격 용량이 비슷하게 맞춰지면서 전체적인 선로 이용률이 올라가게 된다.

HVDC의 또 다른 기대 효과는, 장거리 연계가 가능하다는 이점을 살려 국가 간 전력 전송도 할 수 있다는 점이다. 국가 간 연계를 통해 계통의 안정성을 확보하고, 더 나아가 세계 규모로 확장된 통합 전력 네트워크인 슈퍼그리드^{supergrid}까지 구축할 수 있다. 선로 이용률 또한 더욱 효과적으로 개선할 수 있다. 즉 지역에서 국가로 영역이 확장되면, 국가별 신재생에너지를 최대한 활용해 변동성을 억제하는 효과를 얻을 수 있는 것이다.

FACTS

신재생에너지의 변동성은 전압 불안정의 원인이 되어 전력 품질의 신뢰성을 떨어뜨린다. 하지만 FACTS를 통해 이러한 문제를 완화할 수 있다.

FACTS는 반도체 소자를 이용해 전기 흐름을 능동적으로 제어하는 새로운 개념의 송전 기술이다. 적절한 장소에 설치된 FACTS는 송전 용량을 증가시키고, 송·변전 설비의 이용률을 향상시킨다. 또한 수용가에 전력이 전송될 때까지 계통을 안정시키는 역할을 한다.

대표적인 FACTS 설비인 정지형 무효전력 보상 장치^{STATCOM}는 무효전력의 흐름을 제어하는 역할을 한다. 따라서 발전량이 급변하더라도 출력전압을 일정하게 유지할 수 있다. 이처럼 FACTS를 적용하면 대규모 송전탑을 추가로 짓지 않아도 되고, 신재생에너지원의 비중이 커진 전력 계통에서도 안정적으로 전력을 공급할 수 있다.

전력 계통 핵심 기술 적용 사례

스페인 말라가 스마트그리드 프로젝트

스페인은 유럽연합의 정책 방향에 따라 신재생에너지 비율 20퍼센트 확대, 온실가스 20퍼센트 감축, 에너지 효율 20퍼센트 향상을 목표로 하고 있다. 스페인의 스마트그리드 사업은 생산부터 소비까지 전 과정에 걸쳐 이뤄진다는 점이 특징이다. 중소 규모 송전 시설 구축 및 통합, 사물 인터넷을 통한 실시간 관리, 스마트미터 보급, 스마트빌딩 및 스마트홈 구축에 주력하고 있다.

말라가 스마트시티 프로젝트는 스페인의 대표적인 스마트 그리드 연계 사업이다. 2010년부터 4년간 추진된 프로젝트를 통해, 인구 57만 명의 항구도시 말라가는 스페인 최초의 스마트시티가 되었다. 전력 소비 안정화를 위해 실시간 전력 소비 자동제어 시스템을 도입하고, 2031년 6월까지 스마트미터 총 370만 대를 설치할 예정이다. 이는 스페인 전체 전력 소비 가구의 30퍼센트가 넘는 수준이다.

제주도와 내륙을 연결하는 HVDC

제주도는 육지에 비해 전력 계통의 규모는 작지만, 필수 기본 요소인 발전, 송전, 배전을 모두 포함하는 하나의 완전한 전력 계통을 갖추고 있다. 그렇다고는 해도 내부 생산 전력만으로는 도내 사용량을 완전히 충당할 수 없어서, 육지와 제주도를 연결하는 HVDC가 설치되었다.* 현재 설치된 HVDC 두개 케이블을 통해 제주 지역이 소비하는 전력의 30퍼센트 이상을 공급하고 있다.

---

* 1998년 제주와 해남을 잇는 300메가와트 HVDC가 최초로 설치되어 현재까지 운영되고 있다. 2013년에는 진도와 연결하는 400메가와트 HVDC가 추가로 설치되었다. 현재는 2023년 12월 준공을 목표로 제주와 완도 사이에 세번째 HVDC가 설치되고 있다.

제주도는 2018년 풍력발전 29만 킬로와트, 태양광발전 26만 킬로와트 규모의 신재생에너지원을 설치했다. 하지만 신재생에너지원의 확대가 전력 공급의 불확실성을 크게 증가시키는 바람에, 지금은 신재생에너지 발전량을 오히려 줄이기도 한다. 2021년 4월 11일에는 처음으로 풍력발전에 이어 태양광발전도 출력 제한이 내려진 바 있다.

제주도와 육지를 잇는 HVDC는 본래 육지에서 제주도로 전력을 공급하기 위해 설치된 것이었지만, 지금은 신재생에너지의 초과 출력을 방지할 목적으로도 활용되고 있다. 즉 HVDC를 통해 제주도에서 육지로 잉여 전력을 송전하는 것이다. 이는 2021년 4월 17일 처음으로 HVDC 제1연계선을 통해 제주도에서 육지로 60~120메가와트 규모의 전력을 송전하면서 이뤄졌다. HVDC는 신재생에너지원의 효율을 더욱 높일 뿐만 아니라, 송전량을 늘리는 데도 도움이 될 것으로 보인다.

북유럽 슈퍼그리드

슈퍼그리드는 두 개 이상의 국가가 HVDC 기반의 국가 간 전력망 연계를 통해, 신재생에너지로 생산한 전기를 공유하는 스마트그리드를 의미한다. 대표적으로 북유럽 슈퍼그리드가 있다. 2009년 영국, 프랑스, 독일, 벨기에, 네덜란드, 룩셈부르크, 스웨덴, 덴마크, 노르웨이, 아일랜드 등 북해 연안 국가들이 슈퍼그리드 구축에 합의하면서 2014년 영국, 프랑스, 북유럽 간 슈퍼그리드가 연결되었다. 또한 2050년까지 총 4,991억

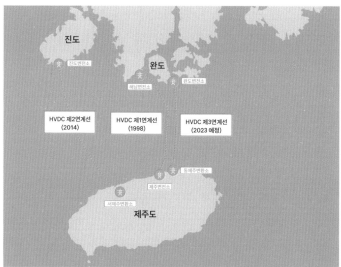

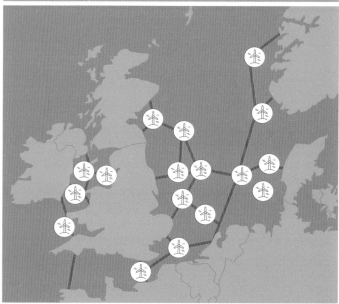

그림 3-5. 제주와 내륙을 잇는 HVDC(위)와 북유럽 슈퍼그리드(아래)

달러를 투자해 아프리카 북부 사하라사막까지 연결하는 초대형 에너지망 사업으로 500기가와트의 전력을 유럽에 공급하겠다는 목표를 세우고 있다.

슈퍼그리드가 구축되면 각 지역의 신재생에너지원이 갖는 단점을 상호 보완할 수 있다. 이를테면 북해 연안에 설치된 풍력발전기는 변동성이 커서, 계통 안정성이 보장되지 않는다. 반면 스웨덴이나 노르웨이의 양수 발전은 전력 수요가 낮을 때 물을 끌어 올렸다가 수요가 높을 때 전력을 생산할 수 있어서, 신재생에너지원의 변동성을 완화해주기에 적합하다. 이들을 슈퍼그리드로 연결하면 신재생에너지원 확대에 따른 불확실성을 상쇄할 수 있다.

다른 나라와의 협력

기후변화 대응은 전 세계적인 과제로서, 국가 간 협력이 중요하다. 우리나라는 선진국과 개발도상국 모두와 협력해서 시너지를 낼 수 있는 위치에 있다. 먼저 선진국과의 협력을 통해서는 앞선 기술과 노하우에 접근할 수 있다. 기후 기술처럼 역사가 짧은 분야는 기존 지식만으로 현실에 대응하기 어렵다. 이때 선진국과 우수한 기술을 공유하면, 우리에게 부족한 역량을 확보하면서 기술 개발의 실패 가능성을 줄일 수 있다. 기후 기술 관련 국내 인프라를 개선하는 데 도움이 될 뿐만 아니라, 기술혁신에 필요한 비용 부담이나 투자 위험을 줄이는 효과도 있다.

반면 개발도상국과의 기술협력은 기후 기술에 적합한 개발 환경과 효과 검증의 기회를 마련해준다. 온실가스 감축이나 에너지 생산·운송·전환에 필요한 기후 기술은 해당 입지의 자연환경이나 산업 여건에 크게 영향을 받는다. 자연환경 측면에서 우리나라에는 산지가 많아, 신재생에너지 보급에 한계가 있다. 에너지 소비의 80퍼센트는 화석연료에 의존하며, 중화학공업을 비롯한 에너지 집약 산업이 큰 비중을 차지한다.

온실가스 저감이 쉽지 않은 구조적 여건 때문에, 우수한 기후 기술을 갖고 있어도 그 효과를 입증하기 매우 어렵다. 국내 연구진이 보유한 기후 기술을 개발도상국의 천연 자연환경과 산업 인프라에서 개발하고 최적화하는 전략이 필요한 이유다.

개발도상국과의 협력은 국내 기후 기술이 해당 개발도상국 시장에 본격 진출할 때 교두보가 될 수 있다. 기술협력 단계에서 그 나라 환경에 적용 가능한지 검증하고 실적 자료를 확보하면서 현지에 맞게 개선하는 만큼, 추후 시장 개척에 유리할 수밖에 없다. 또한 특정 기술의 효과가 개발도상국에서 입증되면 민간투자나 국제 기금, 공적 원조를 받기에도 유리하다. 국내 기술의 현지 인지도를 향상시키고 인적 네트워크를 확보하는 데도 도움이 된다.

기후 기술협력은 양자형과 다자형으로 구분할 수 있다. 선진국과의 양자 협력은 글로벌 선도형 정책을 공동으로 기획·추진하고, 선진 기후 기술을 공동 연구·개발하는 것이 핵심이다. 미래를 내다보는 혜안으로 글로벌 문제를 파악하고, 공동의 시각에서 해결해나가는 역할을 한국을 포함한 주요 선진국이 담당하는 것이다. 개발 협력 사업을 공동으로 이끌면서 개발도상국을 지원하는 역할도 중요하다. 이 국가들의 지속 가능한 발전을 위해 빈곤, 기아, 교육, 보건 등 다양한 분야에서 문제 해결을 모색하는 한편, 개도국의 수요 관점을 고려한 접근법도 강조되어야 한다.

개발도상국과의 양자 협력은 정책 지원과 협력 사업이 주를 이룬다. 협력 사업은 기후변화 대응을 위한 기술 수요의 발굴에서, 기술을 현지화해 제공하기 위한 연구 개발과 기술 제공·실증·확산까지, 전 단계에 걸쳐 협력 구도를 이루는 데 목적이 있다. 개발도상국이 스스로 지속 가능한 발전을 할 수 있도록 정책과 제도의 마련을 돕고, 이에 맞는 구체적인 사업을 찾아 운영하는 것이다. 우리나라의 경우, 선진국과 개발도상국을 대상으로 하는 대표적인 양자 협력 정례 회의로서 과학기술공동위원회가 양국의 협력 관계를 확인하고, 협력 현황을 공유하면서 향후 계획을 논의하는 중요한 역할을 한다.

다자 협력은 국제기구, 다자 개발은행, 국제 이니셔티브 등으로 구분할 수 있다. 먼저 국제기구로서 가장 대표성을 갖는 기관은 기후변화협약이다. OECD 산하 개발원조위원회도 국제기구에 해당한다. 다자 개발은행은 기후 기술협력 등 다양한 협력 사업에 필요한 재원을 제공하는 틀을 지원하고, 관련 네트워크와 인프라 구축을 돕는다. 대표적으로 세계은행과 아시아개발은행은 녹색 금융을 운영하면서 에너지, 환경, 도시 개발 분야의 지원 사업을 활발히 추진하고 있다.

국제 이니셔티브는 정부, 기업, 시민사회 등 다양한 이해관계자가 글로벌 이슈에 관한 논의에 참여해 목표를 달성을 꾀하는 형태를 띤다. 국제기구보다 신속하게 의사 결정이나 운영을 할 수 있다는 특징이 있다. 민관民官이 함께 참여한다는 점에서, 정부 간 협력과는 다른 시각과 이해관계를 확인할 수 있다. 2021년 5월 서울에서 개최된 P4G˚가 국제 이니셔티브에 해당한다. P4G는 민관 협력을 효과적으로 지원하기 위해 12개국이 UN의 지속 가능한 개발 목표인 기아, 물, 에너지, 도시, 순환 경제 부문에서 협력하고 있다. 이 밖에도 특정 지역을 대상으로 하는 다자 협력이 있다.

기후 기술협력에 양자형과 다자형 중 어느 형태가 적합한지는, 말 그대로 특정 국가 한 곳과 협력하는 게 나은지, 여러 국가와 공동으로 하는 것이 나은지에 따라 결정된다. 예를 들어 코코넛 재배를 하는 지역의 폐기물을 활용하는 경우, 그 지역의 국가와 개별 협력을 추진하는 것이 효과적이다. 반면 농업 폐기물 처리를 위한 정책적·제도적 구도를 마련하고자 한다면, 농업 중심 국가들이 가급적 많이 참여하는 다자 협력의 파급효과가 클 것이다.

*   Partnering for Green Growth and the Global Goals 2030. 기후변화 대응과 지속 가능한 발전을 위한 녹색 경제 공공－민간 파트너십 국제 협의체를 가리킨다. 한국과 베트남, 인도네시아, 방글라데시, 덴마크, 네덜란드, 에티오피아, 케냐, 남아프리카공화국, 멕시코, 콜롬비아, 칠레 등 총 12개국을 회원국으로 두고 있다.

4부
_____

더 적게, 더 효율적으로

만약 우리 문명의 거대 인프라를 이루는 교통·운송 수단과
건축·건물 분야에서 탄소중립을 추구하지 않는다면, 다른
분야에서의 노력도 빛이 바랠 것이다. 다행히 두 분야 모두 온실가스
감축을 위한 기술과 정책이 다양하게 연구·개발되고 있다.
4부에서 이를 살펴본다.

3대 중공업이라 하면 화석연료를 고열로 가공해 온갖 소재를
추출 해내는 석유화학 산업, 화석연료를 활활 불태워 철을 녹이는
철강 산업, 석회석을 고온으로 가공해 시멘트를 만들어내는
시멘트 산업을 말한다. 이들에게 탄소 배출은 산업을 성립시키는
절대적인 근간이나 마찬가지이기에, 탄소 배출 감축은 큰 부담이자
부당한 협박으로 들린다 해도 무리가 아니다. 그러나 동시에
온실가스 생성의 주범이라는 지탄 앞에서 자유롭기 힘든 것도
사실이다. 그럼에도 불구하고 거스를 수 없는 시대적 요구와 비난의
십자포화로부터 벗어나기 위해 이 산업들은 탈탄소 기술 개발이
매우 시급하다. 4부의 후반부에서는 각각의 주요 탄소 감축 기술을
살펴보고, 경제 상황과 국제 정세를 아울러 어떤 정책을 펼칠 수
있는지 알아본다.

기후변화에 대한 범지구적 공감대가 형성된 이후, 탄소중립을 빼고는 거의 모든 산업 분야에서 미래 전망을 논하기 어려운 상황이다. 국가 에너지의 상당 부분을 소비하는 건물 부문도 예외는 아니다. 건물은 우리가 생활에서 냉난방을 비롯해 에너지를 소비하는 공간이다. 소득 증가와 삶의 질 향상, 가전제품의 대형화, 기상이변에 따른 폭염 등으로 건물의 에너지 소비는 점차 증가하는 추세다. 탄소중립을 건물에 적용한다는 것은, 건물이 소비하는 에너지를 줄이고 에너지원을 탈탄소 기반으로 바꾸는 것을 뜻한다.

건물이 소비하는 에너지와 탄소중립

건물이 아무리 잘 지어졌다 해도, 냉난방과 환기, 급탕, 취사, 조명, 가전제품 작동을 위해서는 에너지가 필요하다. 고층 건물이라면 엘리베이터 같은 수송 수단에도 에너지가 사용된다. 벽, 바닥, 지붕, 창문, 계단, 지하실, 거실 같은 구조물은 에너지를 소비하지 않지만 에너지 요구량을 결정하는 데 중요한 역할을 한다.

에너지 절약은 난방 에너지를 줄이는 것부터 출발한다. 에너지 절약 분야에서 흔히 쓰이는 단열, 기밀^{air tightness} 같은 용어는 난방 에너지 절감과 관련이 있다. 냉방 에너지를 줄이려면 태양열을 차단하는 차양 기능과 효과적인 통풍 기능을 갖춘 창호를 설계할 필요가 있다. 조명 에너지를 줄이는 데는 자연 채광이 중요하다.

단열

단열은 열의 이동을 막는다는 뜻이다. 건물에서는 외부로 노출된 벽, 천장, 창문을 통해 열 손실이 많이 일어나는데, 여름이나 겨울에는 실내외 온도 차가 커서 더 큰 폭의 열 이동이 일어난다. 손실된 양만큼 에너지를 투입해야 하므로, 에너지 절약을 위해서는 열의 이동을 최소화하게끔 단열재를 사용한다. 다만 기밀성이 높은 건물일수록 적절한 환기 시스템을 갖춰야 건물의 내부 공기가 쾌적하게 유지될 수 있다.

취사도구나 조명, 가전을 쓸 때 소비되는 에너지는 거주자의 사용 패턴과 밀접하게 이어져 있다. 따라서 에너지 소비를 줄이려면 거주자의 행태를 파악하고, 이를 패턴화해 자동으로 제어·관리하는 시스템이 필요하다. 아마 미래 건물의 모든 조

그림 4-1. 제로 에너지 건물의 구성 요소

명이나 가전제품은 자동제어 시스템과 연동되어 상품화될 것이다.

　건물의 탄소 배출은 직접 배출과 간접 배출로 나눌 수 있다. 석유나 도시가스처럼 건물에서 직접 연소하는 경우에는 탄소가 직접 배출된다고 한다. 반면 전력이나 지역난방처럼 외부에서 에너지가 생산되어, 건물에서 연소 과정을 거치지 않는 경우에는 탄소가 간접 배출된다고 한다. 우리나라의 경우 건물이 소비하는 에너지의 3분의 1은 직접 배출, 3분의 2는 간접 배출에 해당한다.

　건물의 탄소중립을 위한 방안은 세 가지로 요약할 수 있다. 첫째, 건물 자체의 에너지 효율을 높여야 한다. 창호 등의 단열 성능을 높이고 보일러, 냉방기, 조명 같은 에너지 기자재의 효율을 높이는 것이다. 둘째, 건물 거주자가 효율적으로 에너지를 사용해야 한다. 에너지의 불필요한 낭비를 줄이는 것이다. 셋째, 탄소를 배출하지 않는 에너지를 건물에 공급하는 것이다. 직접 배출에 해당하는 석탄, 석유, 도시가스는 물론 외부에서 공급하는 간접 배출 부문까지 탈탄소 기반 에너지로 바꿔나가야 한다.

화석연료를 사용하지 않는 '제로 에너지 건물'

건물과 관련된 에너지 정책은 에너지 효율 향상에 초점을 두고, 지금까지는 신축 건물을 중심으로 추진됐다. 건물에 에너지 절약이나 효율 강화 개념이 처음 도입된 시기는 오일쇼크가 발생한 1970년대 후반부터다. 이전에는 결로 방지를 위한 설계 기준으로서 단열을 관련 법규에서 명시한 것이 전부였다.

결로

공기 온도가 이슬점 이하로 내려갈 때, 공기와 맞닿은 물체 표면에 수증기가 물방울로 맺히는 현상이다. 공기는 온도가 높을수록 더 많은 수증기를 포함하는데, 온도가 떨어지면 공기가 포함할 수 있는 수증기의 양이 줄어들면서 초과된 양만큼 물방울로 맺히게 된다. 추운 날 창문에 김이 서리는 현상을 생각하면 된다. 건물에서는 실내외 온도 차가 심하거나 내부 습도가 너무 높을 경우 벽이나 바닥, 창문에 물방울이 맺힌다. 이는 곰팡이가 번식하는 요인이 되기도 한다.

그러다 1990년대 중반 지구온난화가 대두되자, 건물 에너지 문제가 온실가스 감축이라는 관점에서 다뤄지기 시작했다. 이후 온실가스 감축이 국가 차원의 의무로 부각되면서 에너지 효율 규정이 급격히 강화되었다. 탄소 저감 정책은 기존 에너지 정책에 화석연료를 줄이는 방안이 추가된 것이라고 할 수 있다.

이처럼 에너지 저감이 탄소 저감으로 전환되는 과정에서 건축계에 새롭게 등장한 개념이 '제로 에너지 건물'이다. 화석연료를 사용하며 발생하는 온실가스를 최소화하기 위한 대안으로 떠오른 것이다.

제로 에너지 건물은 화석연료를 사용하지 않는 건물, 또는 탄소를 배출하지 않는 건물을 가리킨다. 가령 외부에서 공급받은 전기나 열이 신재생에너지나 원자력발전으로 생산되었다면 그 건물은 제로 에너지 건물이라고 할 수 있다.

개념은 이렇지만, 에너지원이 화석연료든 아니든 일단 에너지를 적게 소비하도록 짓는 것이 우선이다. 그다음 신재생에너지 같은 탈탄소 에너지원을 건물에 공급하는 것이 순서다. 또한 냉난방을 비롯해 조명, 급탕시설, 가전, 사무기기, 엘리베이터 등 건물에서 소비하는 모든 에너지를 감축 목표로 삼아야 한다.

에너지 관점에서 좋은 건물은 일차적으로 에너지 공급을 중단한 상태여도 겨울에 덜 춥고 여름에 덜 더운 건축물, 조명을 끄더라도 덜 어두운 건축물이다. 이러한 요건을 갖춘 건축물을 패시브하우스$^{passive\ house}$라고 한다. 패시브하우스란 최소한의 에너지로 적절한 실내 온도를 유지하게끔 설계된 건물이다. 가장 많은 에너지를 소모하는 난방을 줄이기 위해 기밀성과 단열성을 강화하고, 태양열 등 자연 에너지를 최대한 활용할 수 있게 설계한다. 일반 주택에 비해 난방비가 10퍼센트가량 덜 나오는 것으로 알려져 있다.

최초의 주거용 패시브하우스는 스웨덴의 보 아담손 교수와 독일의 볼프강 파이스트 교수의 아이디어로 시작해, 1990년 독일 다름슈타트에 완공됐다. 패시브하우스는 최소한의 설비로 살기 좋은 실내 환경을 조성하는 데 초점이 맞춰져 있다. 이에 필요한 기술은 제로 에너지 건물에도 동일하게 적용될 수 있다.

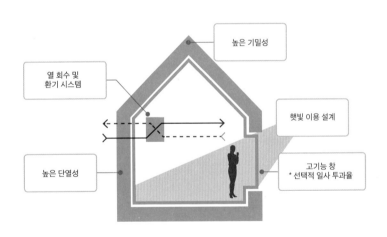

높은 기밀성

열 회수 및 환기 시스템

햇빛 이용 설계

높은 단열성

고기능 창
* 선택적 일사 투과율

그림 4-2. 패시브하우스의 요건

제로 에너지 건물은 화석연료를 대체하는 수준과 방법에 따라 여러 종류의 명칭이 있다. 먼저 에너지 생산량(+)과 소비량 (−)을 합친 값이 제로가 된다는 뜻에서 넷제로 에너지 빌딩이라는 개념이 있다. 외부에서 에너지를 공급받지만, 그만큼 에너지를 생산하기 때문에 연간 총량을 합하면 제로가 된다는 뜻이다. 제로 에너지 건물이 제안된 초창기에 통용된 개념이다.

하지만 건물의 모든 에너지를 신재생에너지로 충당해 완전한 탄소중립을 구현하기란 경제적 관점에서 아직 쉬운 일이 아니다. 그렇다 보니 주요 국가들은 자국의 경제나 기술 여건에 따라 실현 가능한 최적 비용의 관점에서 제로 에너지 건물을 설정하고 있다. 즉 완전한 제로보다는 제로에 근접한 수준을 추구하게 되는데, 이처럼 완화된 개념의 제로 에너지 건물을 니얼리 제로 에너지 빌딩Nearly Zero Energy Building이라고 부른다. 니얼리 제로 에너지 빌딩은 유럽 국가들이 추진하는 가장 보편적인 제로 에너지 건물이다. 목표로 하는 에너지 수준은 나라마다 차이가 있어서, 신재생에너지를 설치하지 않아도 수용할 준비가 되어 있는 제로 에너지 레디 빌딩Zero Energy Ready Building까지 제로 에너지 건물로 인정하려는 나라도 있다.

한편 산악이나 도서 지역은 기존 에너지 공급망과 연결이 불가능할 수 있다. 이 경우에는 에너지 공급망과 완전히 분리된 상태에서 자체적으로 신재생에너지를 생산해야 한다. 이처럼 제로 에너지를 완전 자립형으로 구현하는 건물을 오프그리드 제로 에너지 빌딩이라고 한다. 그리드가 발전 시설에서 생

산된 전기가 소비자에게 전달되기 위한 전력 계통이라면, 오프
그리드는 전력 공급 체계에서 벗어나 있는 경우를 뜻한다(3부
2장 참조).

현실을 감안한 제로 에너지 건물

도시의 모든 건물이 제로 에너지 건물이라면 좋겠지만, 비
용 문제를 해결하지 않고서는 보급 확대를 기대하기 어렵다.
대부분의 건물은 신재생에너지 시스템을 수용할 공간이 충분
하지 않을뿐더러, 에너지를 자급자족하려면 설비 용량을 에너
지 소비량의 피크^{peak}, 즉 최대 부하에 맞춰야 한다. 날씨나 계
절의 변화에 따라 에너지 소비가 큰 폭으로 달라지기 때문이
다. 건물마다 신재생에너지 시스템을 따로 설치한다면 경제적
타당성을 갖추기가 매우 어려워진다.

따라서 여러 건축물을 한 그룹으로 묶어 신재생에너지 시스
템을 집합 단위로 설치하는 것이 신재생에너지 믹스나 에너지
밸런스, 유지 관리 측면에서 유리하다.* 미국 에너지부는 제로

---

* 에너지 믹스는 '섞는다'는 뜻의 믹스^{mix}에서 알 수 있듯 다양
한 에너지원을 골고루 섞어서 사용한다는 의미를 갖는다. 특
히 신재생에너지 믹스는 석유나 석탄 같은 기존 화석연료와
신재생에너지원을 함께 쓴다는 뜻으로, 신재생에너지만으로
모든 에너지 수요를 감당하기 어려운 과도기적 시기에 적절
한 대응 방안으로 여겨지고 있다. 에너지 밸런스는 특정 기
간의 에너지 투입과 산출을 정리한 것으로서, 일종의 에너지
회계장부라고 할 수 있다. 에너지의 전체적인 흐름을 모니터
링하고, 에너지가 과잉이거나 부족한 지점을 식별하는 데 유
용하다.

에너지 건물을 집합 단위의 유형에 따라 다음과 같이 네 가지 개념으로 구분하고 있다.

제로 에너지 빌딩	단위 건물별로 제로 에너지 구현
제로 에너지 캠퍼스	하나의 부지에 지은 다수의 건물이 집합적으로 제로 에너지 구현 (건물 소유주는 단일)
제로 에너지 포트폴리오	여러 부지에 산재된 다수의 건물이 집합적으로 제로 에너지 구현 (건물 소유주는 단일)
제로 에너지 커뮤니티	특정 부지에 지은 다수의 건물이 집합적으로 제로 에너지 구현 (건물별 소유주가 다름)

그림 4-3. 집합 단위 규모에 따른 제로 에너지 건물
자료: U.S. Department of Energy, 2015.

사이트 에너지 제로 에너지 빌딩	건물이 지어진 부지에서 제로 에너지화 달성
소스 에너지 제로 에너지 빌딩	건물 자체가 신재생에너지를 생산하지 않는 대신 외부에서 공급받는 에너지가 탈탄소 에너지인 경우
제로 에너지 코스트 빌딩	개별 건물이 신재생에너지를 생산하지 않고 화석연료를 일부 사용하는 대신, 화석연료를 사용한 만큼 신재생에너지로 환산해서 비용을 지불하는 방식
REC-제로 에너지 빌딩	건물 부지에서 생산하지 못한 에너지 부족분을 다른 기관이 생산한 신재생에너지로 채우고, 이에 대한 인증서Renewable Energy Certificate, REC를 구매하여 제로 에너지를 구현하는 경우

그림 4-4. 제로 에너지 달성 방식에 따른 구분
자료: U.S. Department of Energy, 2015.

제로 에너지 이행 방안은 현실을 감안해 다양한 형태가 될 수 있다. 건물이나 부지 내에 신재생에너지 시스템을 설치하지 않아도 제로 에너지 건물로 허용하는 방안까지 제시되고 있다.

여러 상황을 고려한다면, 제로 에너지 건물은 개별 건물 단위가 아니라 지역 단위로 추진하는 것이 합리적이다. 이때 지역 단위는 도시 규모로도 확장할 수 있다. 가령 미국, 독일 등 주요 선진국은 기존 도시를 탈탄소 도시로 전면 개편하는 도시 차원의 탄소중립 사업을 진행하고 있다. 이는 도시 규모의 통합 네트워크 관점에서 제로 에너지를 구현한다는 개념이다.

제로 에너지 건물을 위한 정책

미국은 2035년까지 국가 전력의 완전 탈탄소를 전제로 삼아, 건물 부문의 탄소 배출을 50퍼센트 감축하는 방안을 제시하고 있다. 유럽연합은 신재생에너지 기반의 에너지 전환을 제시하고, 특히 건물 부문에서는 다양한 신재생에너지원의 유연한 사용을 이끄는 체계 정립을 강조하고 있다. 일본은 화석연료 기반의 가전·사무기기를 줄이는 한편 열전발전, 연료전지, 히트펌프* 등의 기술 개발을 장려하고, 재택근무 등 근무

---

* heat pump. 펌프가 낮은 곳에서 높은 곳으로 물을 끌어 올리듯, 온도가 낮은 곳에서 높은 곳으로 열을 끌어 올리는 장치다. 에어컨의 경우에는 실외기를 통해 내부의 열을 바깥으로 빼내어 실내를 시원하게 만드는데, 이와 유사하게 히트펌프도 열을 이동시킴으로써 냉난방에 활용될 수 있다.

방식 개혁과 소비자 행동 변화 같은 규범적 부문도 강조하고 있다.

우리나라는 화석연료 퇴출과 제로 에너지 건물 확산, 그린 리모델링,* 도시 단위 에너지 최적화를 중심으로 장기 저탄소 발전 전략을 수립해 2020년 12월 유엔에 제출한 바 있다. 또한 2050년 탄소중립을 달성하기 위한 장기 로드맵과 이를 지원할 핵심 기술도 준비하고 있다.

건물 부문의 핵심 전략 기술에는 화석연료 퇴출, 탈탄소 에너지화를 비롯해 제로 에너지 건물, 기존 건물의 심층 에너지 개·보수, 전력화(건물에서는 가급적 전기 형태로 에너지를 쓰는 것이 효율적이다), 에너지 소비 행태 개선, 디지털화, 기기의 고효율화 등이 제시되고 있다. 제로 에너지 건물은 미국, 유럽 등 주요 선진국에서도 온실가스 감축을 위한 건물 부문 대안으로 채택해, 정책과 기술, 시장을 연계하는 방안을 마련하고 있다.

하지만 우리나라에서는 제로 에너지 건물을 더욱 확산시켜 향후 의무화까지 추진하려면 아직 해결해야 할 과제가 있다. 먼저 제로 에너지 건물에 대한 정의가 보강되어야 한다. 현재 녹색건축물 조성 지원법**에 제로 에너지 건물의 기본 정의를

---

* 국토교통부와 한국토지주택공사LH에서 추진하는 사업으로, 기존 노후 건축물의 에너지 효율을 높이고 온실가스 배출을 줄이게끔 리모델링 공사를 지원하는 제도다. 녹색 건축물 조성 지원법 제29조에 근거해 2016년 1월부터 추진하고 있다.

** 약칭 녹색건축법. 2012년 2월 22일 제정되어 1년 뒤부터 시

반영하고는 있지만, 난방과 냉방, 급탕, 환기, 조명 등 5대 에너지만 평가할 뿐 가전제품이나 사무기기가 소비하는 에너지는 제외하고 있다.

제로 에너지 건물은 그 용도나 특성, 수준에 따라 등급 형태로 정의하는 게 합리적이다. 궁극적으로는 니얼리 제로에서 탄소중립을 지향해야 할 것이다.

경제성도 중요하다. 제로 에너지 건물의 보급에 따른 비용 문제에는 국가적 검토가 필요하며, 이를 보조·융자할 금융적 방안도 뒷받침되어야 한다. 향후 제로 에너지 건물 의무화 단계에 이르려면 제로 에너지 실현을 위해 추가된 비용에 대한 회수 기간을 정하고, 이를 초과하지 않도록 다양한 금융 지원과 연계하는 방안이 요구된다. 즉 제로 에너지 건물의 구축, 시공, 관리 등 라이프사이클 전반에 대해 비용을 면밀하게 분석해야 한다.

현재는 민간 건축물을 대상으로 그린 리모델링 이자 지원 사업이 시행되고 있으나, 아직은 국가 전체 물량에서 차지하는 비중이 작다. 매년 국가 건물 총량의 3퍼센트 이상 에너지

행되었다. 저탄소 녹색 성장 기본법(이하 녹색성장법)에서 정의하는 녹색 건축물 조성에 필요한 사항을 명시하고 있다. 여기서 녹색 건축물이란 에너지 이용 효율이 높고, 신재생에너지원의 비중이 커서 온실가스 배출을 최소화하는 건물을 뜻한다. 이를 토대로 녹색건축법 제2조에서는 "건축물에 필요한 에너지 부하를 최소화하고, 신재생에너지를 활용하여 에너지 소요량을 최소화하는 녹색 건축물"로 제로 에너지 건축물을 정의하고 있다.

리모델링을 시행하도록 권고하는 국제에너지기구와 유럽연합의 사례를 참고할 만하다.

신축 건물 중심의 현행 에너지 정책을 기존 건물 중심으로 빠르게 전환할 필요도 있다. 기존 건물에 대해서는 공공 건축물을 대상으로 진단 의무화가 시행되고 있으나 실효성이 높지 않다. 720만 동을 넘어서는 기존 건물 대부분이 민간 소유이기 때문에 행정력이 개입하기 어렵다는 제약도 있다.

사계절이 뚜렷한 우리나라는 냉방과 난방을 동시에 해결해야 한다는 점에서, 난방 중심의 북유럽 국가에 비해 제로 에너지 건물이 되는 데 따르는 부담이 크다. 지속적인 경제성장과 소득 증대로 인해 가전제품은 대형화되고, 사무기기는 개인화되면서 전력 소비도 증가하고 있다.

최근 늘어나는 1인 가구 또한 건물 부문 온실가스 감축에는 부정적인 요소다. 제로 에너지 건물의 보급은 단순히 건물의 고효율화하고 탈탄소 에너지 시스템을 갖추는 차원을 넘어, 경제·사회적 현상과 건축 문화적 관점까지 종합적으로 고려하는 통합 로드맵의 구축이 필요하다.

탄소중립을 지원하는 에너지 케어

건물의 에너지 소비는 거주자의 행태occupancy behavior에 큰 영향을 받는다. 따라서 에너지 절감은 거주자의 합리적인 행태가 전제되어야 한다. 과거의 에너지 수요 관리 정책은 에너지 설비의 효율 향상이 중심이었으나, 최근에는 IT를 기반으로 현장의 특성과 거주 행태를 파악해 맞춤형 개선 방안을 제공하는 데이터 중심 수요 관리로 바뀌고 있다.

이러한 변화에 따라 건물 에너지 스마트 케어라는 서비스가 주목받고 있다. 에너지 과소비를 질병으로 보고, 건물을 주기적으로 검진해 문제가 생기면 도움을 제공하는 일종의 건물 에너지 주치의 서비스라고 할 수 있다. 검진하는 데는 건물에 관해 갖가지 빅데이터로 확보한 건물 용도별 표준 성능 지표를 사용한다. 이를 통해 에너지 소비가 과한 건물을 판별하고, 정밀 진단과 처방을 거쳐 에너지 효율을 극대화할 수 있다.

에너지 케어가 신산업이 되려면 기존 데이터의 활용을 원칙으로 하되, 추가로 필요한 데이터는 저비용으로 확보할 수 있어야 한다. 미국을 비롯한 주요 선진국은 이미 국가 주도로 건물 에너지 데이터 플랫폼을 구축하고 이를 민간에 개방해, 각 건물에 특화된 건물 에너지 케어를 각종 스타트업 기업이 개발할 수 있도록 생태계를 조성하고 있다.

우리나라의 경우 건축물대장[*]과 에너지 과금 정보를 활용한 건물 에너지 데이터 플랫폼이 이미 구축되어 있다. 또한 지능형 검침 인프라[**]나 사물 인터넷과의 연동은 관리 주체 간 협

---

[*]　건물의 소재나 종류, 구조, 건평, 소유자 등 건물에 관한 정보를 담은 문제다. 케어 서비스의 기초 자료로 활용될 수 있다.

[**]　계량기 등을 이용해 전기나 수도 사용량을 정확히 파악하는 것을 뜻한다. 지능형 검침은 검침 시스템에 ICT를 접목시켜 실시간 사용 현황을 파악하는 기능을 더한 것이다. 이용량 패턴에 따라 각기 다른 요금제를 적용하는 등 전체 효율을 높일 수 있다.

의만 된다면 어렵지 않게 해결할 수 있다. 건축물 환경과 거주자 반응에 관한 데이터는 스마트 기기 연동과 같은 방법으로 확보할 수 있다.

스마트빌딩, 빌딩에 스마트를 부착하다

스마트빌딩은 정보 통신 기술로 건물 이용의 효율을 높여 거주자에게 편리하고 쾌적한 환경을 제공하는 건물이라고 할 수 있다. 최근에 많이 거론되는 스마트시티 생태계의 근간이기도 하다. 스마트빌딩은 사물 인터넷 기술에 기반해 건물을 모니터링하고 스스로 상태를 판단하면서, 컴퓨팅이나 네트워크, 인공지능, 센서, 로봇 기술과 결합으로 전력, 냉난방, 보안, 주차 관리 등에서 보다 지능화할 수 있다.

스마트빌딩에 추가되는 요소는 대부분 전자·기계 제품으로서, 기능 발전이 빠르기 때문에 교체 주기가 짧다는 특징이 있다. 따라서 스마트빌딩이 확산되려면, 스마트 요소는 건물 시스템에 '부착'하는 것이라는 인식이 요구된다. 탈부착이 용이해야 기존 건물에 쉽게 적용할 수 있다. 새로 짓는 건물도 스마트 제품의 기술 변화에 유연하게 대응하도록 설계할 필요가 있다.

미래 건물에서는 일반 가전제품도 사물 인터넷 기술로 스마트하게 연결될 뿐만 아니라, 탄소중립 시대에 걸맞게 최소한의 에너지를 소비하는 방향으로 진화할 것이다. 또한 전력은 외부의 태양전지로부터 공급받는 동시에, 실내에 설치된 저전력 발전 패널˙로도 충당할 수 있다. 가전제품에서 나오는 열은 저장되었다가 겨울에 난방 열원으로 활용하게 될 것이다. 모든 에너지를 순환 및 재활용하는 생활 발전의 도입도 가능하다.

하지만 보수적인 건물 시장에 스마트빌딩이 자리 잡는 것은 말처럼 쉬운 일이 아니다. 기기나 시스템에 붙는 '스마트'는 시대의 첨단이자 고가의 제품이라는 사실을 암시하는 것이다. 그럼에도 기후변화 대응이라는 시대적 책무를 다하려면 스마트빌딩이 일부 대형·고급 건물만의 선택지가 아니라, 누구나 혜택을 받을 수 있는 공정한 기술로 자리 잡을 필요가 있다. 이를 위해 보다 보편성을 갖출 방안을 찾아나가야 하는 것이다.

＊ 저전력 발전 패널을 사용하면 형광등 같은 실내조명이나 외부의 자연광처럼 비교적 낮은 밝기의 빛으로도 전기 생산이 가능하다. 많은 전력을 소모하지 않는 가전제품의 경우에는 저전력 발전 패널로 전기를 충당할 수 있다.

환경부 산하 국가온실가스통계관리위원회가 발표한 우리나라 온실가스 연간 배출량은 2018년 기준 총 7억 2,760만 톤으로, 2017년 7억 970만 톤에 비해 1,790만 톤 증가했다.[1] 이 중에서 교통·운송에 해당하는 수송 부문은 9,800만 톤으로, 15.5퍼센트를 차지한다. 교통·운송에서의 탄소 배출 저감은 국가 차원의 온실가스 정책에 기반해 그 방법과 수준이 결정된다.

온실가스 저감을 위해 시행 중인 탄소중립 정책

정부가 2018년 발표한 국가 온실가스 감축 로드맵[2]에 따르면, 우리나라는 수송 부문의 온실가스 배출량을 2030년까지 배출 전망치 대비 29.3퍼센트 감축하는 것을 목표로 하고 있다. 배출 전망치란 적절한 조치를 취하지 않고 그대로 방치했을 때 예상되는 배출량을 뜻하는데, 정부는 2030년 수송 부문의 배출 전망치를 1억 500만 톤으로 전망했다. 이 부문에서만 약 30퍼센트에 해당하는 3,100만 톤을 줄이겠다는 것이다. 이는 산업 부문과 건물 부문에 이어 세번째로 많은 감축 규모에 해당한다.

감축 수단으로는 친환경 차 보급, 자동차 온실가스 기준 강화, 바이오 연료 보급, 교통 수요 관리 등을 들 수 있다. 먼저 친환경 차는 관련 인프라 마련과 기술 개발, 보조금 지원을 통해 2030년까지 300만 대를 보급하겠다는 목표를 제시한 바 있다. 이는 기존 로드맵에서 계획한 100만 대에서 상향 조정한 것이다. 또한 수소 연료 전지 차는 60만 대, 하이브리드 자동차는 400만 대 보급을 추진한다고 밝혔다.

기존 화석연료 기반 자동차의 평균 연비 제도*도 주요 감축 목표의 일환으로 강화된다. 승용차의 경우 2020년까지 1리터당 24.3킬로미터를 유지하고, 2021~2030년에는 국제 규제 동향 등을 감안해 점진적 강화를 추진한다. 중·대형차 역시 평

---

* average fuel economy. 자동차 제조사를 대상으로 평균 연비를 규제하는 제도. '평균 에너지 소비 효율 제도'라고도 부른다. 평균 연비는 각 제조사를 대상으로, 1년 동안 국내 판매된 차량의 연비 합계를 총 판매량으로 나눠서 계산한다. 평균 연비에서 1리터당 24.3킬로미터 이상, 또는 온실가스 배출량에서 1킬로미터당 97그램 이하를 충족해야 한다. 지금까지는 10인 이하 승용·승합차, 15인 이하 소형 화물차까지 적용 대상이었다. 하지만 총중량 3.5톤 이상 중대형 화물차, 16인승 이상 버스 같은 중·대형차에도 조만간 적용할 예정이다.

균 연비 제도의 적용 대상에 포함시켰다. 이를 위해 경유 시내 버스와 압축천연가스CNG 버스를 대체하는 유·무선 충전 전기 버스를 상용화하고, 배터리 교환형 전기 버스 시스템 표준 사양 및 안전 인증 체계, 비상 충전 시스템을 구축해 관련 사업화를 추진한다는 계획이다. 이러한 과정들을 거쳐 총 2,310만 톤을 감축한다는 목표를 두고 있다.

지상 교통 시스템 분야에서는 대중교통과 철도의 수송 분담률을 확대해 온실가스 180만 톤을 줄일 계획이다. 이를 위해 광역 간선 급행 버스 체계를 연장·확충하고, 환승 센터와 대중교통 전용 지구를 확대한다. 도시·광역 철도와 전국 고속철도 역시 철도망을 확충하고, 운영 비중을 늘리기로 했다.

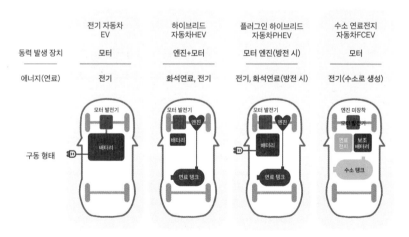

그림 4-5. 친환경 자동차의 종류별 구조 및 특징

물류 분야에서는 3자 물류*를 활성화하고, 주로 도로를 통하는 화물 운송을 온실가스 배출이 적은 철도로 대체하는 이른바 모달시프트**를 확대해 180만 톤을 감축한다. 3자 물류란 물류비용을 절감하기 위해 물류 과정 전체 혹은 일부를 제3자인 전문 업체에 위탁하는 방식인데, 정부는 3자 물류의 서비스 수준을 높이고, 물류 시장 규모를 확대하기 위한 물류 공동화 지원 사업을 시행하기로 했다. 도로 화물의 철도 모달시프트 촉진 방안으로는 보조금 지원을 계획하고 있다. 또한 협동일관수송 체계intermodal transportation system를 강화해 도어 투 도어door-to-door 서비스를 할 계획이다. 협동일관수송 체계란 승용차나 기차, 배, 항공 등 다양한 운송 수단을 유기적으로 연계해 승객이나 물자를 지체 없이 운송하는 체계다.

해운 항만 분야에서는 친환경 선박 보급 등 해운 부문의 에너지 효율을 개선해 20만 톤을 감축한다. 신규 선박은 액화천연가스LNG나 액화석유가스LPG를 연료로 사용하고, 연료 소모가 적게끔 최적화된 친환경 선형船形으로 제작한다. 육상 전원 공급 장치Alternative Maritime Power supply, AMP도 확대된다. AMP

---

* third party logistics, 3PL. 제품의 수송을 누가 담당하느냐에 따라 1자 물류first party logistics, 1PL, 2자 물류second party logistics, 2PL, 3자 물류로 나눈다. 1PL은 생산한 상품을 직접 운송하는 형태이며, 2PL은 물류를 담당하는 자회사를 만들어 운영하는 형태를 뜻한다.

** modal shift. 운송 수단을 효율성이 더 높은 쪽으로 변경하는 것을 뜻한다. 온실가스 저감 관점에서는 도로를 통한 화물 수송을 환경 부담이 적고 대량 수송이 가능한 철도 및 해상 수송으로 전환하는 것을 의미한다.

는 지상 발전소가 항만에 정박 중인 선박으로 전기를 공급하는 장치를 말한다. 선박은 정박해 있는 동안 냉동·냉장·취사 설비 등 내부 시설 유지에 전기를 사용하는데, 이때 가동하는 선내 발전기가 벙커유 같은 화석연료를 쓰기 때문에 황산화물이나 미세먼지를 배출하게 된다. 하지만 AMP로 전기를 공급받는다면, 대기오염 물질의 배출을 대폭 줄일 수 있다.

한편 기존 선박에는 선수부 최적화, 저마찰 선체 도료 사용을 유도한다. 선박이 항해하면서 일으키는 파도는 선박 추진에 걸림돌이 되어 많은 에너지를 소진시킨다. 선수부 최적화란 이 같은 조파저항wave making resistance을 최소화하는 데 가장 적합한 선형을 갖게끔, 배의 앞머리를 설계·개조하는 것을 말한다. 저마찰 선체 도료는 선체 표면과 바닷물이 일으키는 마찰을 줄여줌으로써, 선박 추진에 소모되는 연료를 저감하는 역할을 한다. 이 밖에도 선박 추진의 핵심 부품인 프로펠러를 고효율 제품으로 설치하고, 노후선은 폐선을 유도한다.

항공 분야에서는 탄소 배출권 거래제 시행과 항공기 운항 효율 개선 등으로 20만 톤을 감축한다는 계획이다. 항공운송 탄소 배출권 거래제는 항공사에 온실가스 배출량을 할당한 후 이를 초과해서 배출할 경우 부담금을 부과하는 한편, 할당량 이하로 배출하면 거래 시장을 통해 다른 항공사에 배출권을 판매할 수 있게끔 보장하는 제도를 말한다.

시민들의 참여도 중요한 축이다. 에코드라이브 캠페인 등 대국민 홍보를 강화해 경제 운전을 유도하고, 재택근무를 하거나 집 근처 스마트워크센터에서 일하는 원격 근무를 활성화한다. 승용차 운행을 억제하는 대신 비동력·무탄소 교통수단을 이용하도록 관련 제도를 지속 정비한다. 이러한 조치들을 통해 탄소 160만 톤을 감축한다는 계획이다.

경제 운전은 운전 습관이나 행태를 개선하여 연료비를 절약하고 온실가스도 줄이는 친환경 운전을 뜻한다. 엔진 예열 최소화, 경제속도 준수, 정속 주행 유지, 트렁크 적재물 줄이기, 에어컨 사용 자제, 타이어 공기압 체크 등을 권장하고 있다. 비동력·무탄소 교통수단은 온실가스를 배출하지 않는 보행, 자전거 등을 말한다. 가까운 거리는 비동력·무탄소 교통수단을 이용하도록 안전하고 편리한 기반 시설을 확충해나갈 방침이다.

자동차 분야 온실가스 감축

교통·운송 수단 부문에서 온실가스 감축이 가장 많이 할당된 분야는 자동차다. 제조사별로 판매된 모든 차량의 온실가스 평균 배출량을 제한하고 있는데, 허용 기준을 넘길 시에는 초과량만큼 과징금이 부과된다. 허용 기준은 점차 강화되고 있다. 2015년 온실가스 배출 기준은 1킬로미터당 140그램이었지만, 2020년에는 1킬로미터당 97그램으로 약 31퍼센트 강화됐다. 연비 기준은 2015년 1리터당 17킬로미터에서 2020년 1리터당 24.3킬로미터로, 43퍼센트 정도 강화됐다.

따라서 각 제조사는 차량 경량화, 직접 분사direct injection, 엔진 다운사이징[*] 같은 기술을 적용하는 강도 높은 온실가스 감축 대책을 추진해야 한다. 한 연구에 따르면, 차량 중량은 120킬로그램이 줄 경우 이산화탄소 배출량이 3~4퍼센트 감소한다. 하지만 차량 중량에 따른 탄소 감축분 표준치가 아직 제시되지 않고 있어서, 국제 표준을 통한 제도화가 필요하다. 직접 분사는 엔진 내연기관 연소실(연료가 연소되는 공간)에 연료를 직접 분사하는 방식을 말한다. 기존의 간접 분사보다 엔진 출력이 높고, 배출 가스가 줄어든다는 장점이 있다.

전기 차를 비롯한 친환경 자동차는 전 세계적으로 빠르게 보급되고 있으나, 주행거리가 짧고 가격이 비싼 편이며, 충전 시설 보급이 저조하다는 문제가 있다. 이는 내연기관 자동차의 대체재로 자리 잡는 데 한계 요인으로 작용한다. 따라서 자동차 제조사는 친환경 자동차를 지속적으로 개발·보급하는 동시에, 내연기관 자동차의 탄소 배출을 줄이는 다양한 기술을 적용하고 있다. 중장기적으로는 30퍼센트 이상의 탄소 저감을 시도하고 있다.

주요 국가별 자동차 온실가스 배출기준을 보자. 미국은 1킬로미터당 113그램(2020), 유럽은 1킬로미터당 91그램(2021), 일본은 1킬로미터당 100그램(2020)이다. 규제에 따른 온실가스 감축 실적을 비교하면, 2009년부터 2013년까지 미국과 유

---

[*] downsizing. 큰 배기량 중심의 기존 엔진을 고성능의 소小배기량 엔진으로 바꿔 연료 소비의 효율성을 높이는 것이다. 일반적으로 동일한 연료와 운전 조건에서는, 배기량이 클수록 이산화탄소 배출도 증가한다.

럽은 연평균 3퍼센트, 일본은 약 5퍼센트로 나타났다. 같은 기간 우리나라는 1킬로미터당 159.4그램에서 139.5그램으로 연평균 3퍼센트 수준의 이산화탄소 감축률을 보였다. 한편 수입 차량 제조사의 연평균 감축률은 약 7퍼센트였다. 즉 온실가스 배출 규제가 배기가스 감축 기술의 개발을 지속적으로 유도하고 있다고 볼 수 있다.

교통·운송 수단 부문 탄소 저감 기술―연료전지

탄소 저감 기술에는 태양전지, 연료전지, 바이오 연료, 이차전지, 전력 IT, CCUS 기술 등 크게 여섯 개 분야가 있다. 이 중 교통·운송 수단과 직접 관련된 기술은 연료전지와 바이오 연료다. 이 중에서 바이오 연료는 앞서 2부에서 다룬 만큼, 이곳에서는 연료전지를 중점적으로 다룰 것이다.

연료전지는 수소와 산소를 반응시켜 전기를 생산하는 친환경 발전장치다. 수소와 산소의 화학반응에서 생기는 화학에너지를 연소 과정 없이 직접 전기에너지로 바꾼다. 연료가 되는 수소와 공기 중 산소를 각기 양(+)극과 음(-)극에 공급하면, 수소는 수소이온과 전자로 분리된 후 전해질과 전선을 따라 이동하면서 산소를 만나, 물이 되고 열을 발생시킨다. 이때 전자의 이동으로 전기가 발생한다. 즉 수전해를 역이용한 것이라 볼 수 있다.

연료전지는 발전기 같은 장치를 사용하지 않으면서, 전기화학 반응으로 직접 전기를 생산하기 때문에 발전 효율이 매우 높다. 발생된 열은 급탕과 난방으로 활용 가능하다. 수소 연료가 공급되는 한 지속적으로 전기를 만들 수 있어서, 연료 고갈의 위험이 없는 에너지원이다. 오로지 전기와 물, 열이 발생할 뿐, 연소 과정이 따로 없다. 따라서 에너지 안보와 환경문제를 동시에 해결할 수 있는 대안으로 꼽힌다.

연료전지는 발전 규모를 조절하기 용이해, 발전용·수송용·휴대용 등 다양한 분야에 응용할 수 있다. 따라서 넓은 시장을 형성하고 있다. 자동차, 기계, 화학, 소재 분야를 비롯한 국내 주요 산업에 파급효과가 클 것으로 내다보고 있다. 특히 승용차, 버스, 트럭 등 수송 부문의 경우 연료전지에 관한 정부 지원책에 따라 연평균 약 22퍼센트의 성장률을 보이고 있다. 2024년에는 13억 달러 규모로, 지금보다 큰 시장이 형성될 전망이다.

국가별 연료전지 보급 정책을 보자. 우리나라는 과학기술정보통신부, 산업통상자원부, 환경부 등 관계 부처 합동으로 에너지 신산업 활성화 및 핵심 기술 개발 전략 이행 계획(2015)과 수소 연료 전지 자동차 보급 보조금 업무 처리 지침(2016)을 마련해, 수소 차 보급과 수소 충전소 설치 지원을 추진하고 있다. 미국, 유럽도 연료전지 정책과 기술 개발을 추진하고 있으며, 특히 일본은 수소·연료전지 전략 로드맵을 마련해, 가정용 연료전지를 보급해 연료전지 시장의 조속한 자립을 꾀하고 있다. 이를 위해 설치 보조금을 지원하는 민생용 연료전지 도입 지원 사업을 추진하며, 2030년까지 가정용 연료전지

530만 대를 보급할 계획이다.

한편 연료전지의 주 연료가 되는 수소 기술은 수소 제조, 저장, 안전, 표준화 등으로 구분된다. 2부에서 살펴보았듯, 현재 수소는 천연가스나 석탄 같은 화석연료를 고온의 수증기와 반응시키거나, 수전해 방식으로 생산하고 있다. 무엇보다 제조의 효율성과 안정성이 관건이다. 저장 기술은 물리적 저장과 화학적 저장으로 구분하는데, 물리적 저장에는 고압 기체 수소 저장 기술, 저온 액화 수소 저장 기술, 흡착 저장 기술이 있다. 금속 수소화합물, 화학 수소화물, 액상 화합물 같은 화학물질을 통해 저장하는 기술은 화학적 저장에 해당한다. 수소 안전과 표준화에는 수소 스테이션 관련 부품 및 시스템 기술이 있다.

수소 스테이션hydrogen station

수소 연료전지 자동차에 수소를 공급하는 인프라를 말한다. 내연기관 차량의 주유소 같은 곳이다. 기존 주유소와 다르게 연료(수소)를 직접 생산·정제하는 시설도 갖출 수 있다.

교통·운송 부문 탄소중립을 위한 방안

시민의 일상과 밀접한 교통·운송 부문의 탄소중립을 위해서는, 그린 모빌리티green mobility의 보급 확대가 최우선 선결 과제다. 그린 모빌리티는 전기나 수소를 주요 동력으로 하는 친환경 교통수단을 말한다. 정부는 2025년까지 전기 차 113만

대와 수소 차 20만 대를 보급한다는 목표를 제시하고, 이를 위해 충전 기반 시설 4만 5,000기 확충과 노후 경유 차의 조기 폐차를 지원하는 정책을 추진하고 있다. 이 밖에 해결해야 할 과제와 추진 전략은 다음과 같이 요약할 수 있다.

첫째, 그린 모빌리티 보급 확대에 따른 세금 형평성 문제를 개선할 필요가 있다. 대표적으로 휘발유와 경유에 부과하는 교통·에너지·환경세(이하 교통세)를 들 수 있다. 교통세는 도로 유지 관리와 교통 인프라 건설 재원을 비축하기 위한 도로 이용료 성격의 특수 목적세다. 연간 15조~17조 원 규모이며 교통 시설(80퍼센트), 환경(5퍼센트), 에너지 및 자원 사업(3퍼센트), 지역 발전(2퍼센트)에 쓰도록 명시되어 있다. 현재 1리터당 가격이 휘발유는 529원, 경유는 375원인데, 내연기관 차량은 이를 고스란히 부담하는 반면 전기 차는 한 푼도 내지 않는다. 따라서 형평성 문제가 불거지고 있다. 친환경 자동차도 도로를 이용하고 있고 교통 체증을 유발할 뿐만 아니라, 타이어가 마모되면서 발생하는 미세먼지 문제로부터도 자유롭지 않다는 지적이 있다.

그렇다 보니 주행거리세vehicle miles traveled tax라는 세금이 교통세의 대안으로 논의되고 있다. 차량이 일정 기간 주행한 거리를 근거로 교통세를 부과하는 방식이다. 이미 미국, 일본, 독일 등 주요 선진국은 주행거리에 기반한 과세 체계 도입을 본격화하고 있다. 우리나라는 국회 연구 용역 등으로 논의를 시작하는 단계다. 전기 차 보급은 확대해야 하지만, 그럴수록 현행 교통세 재원이 줄어드는 문제도 있기 때문에, 친환경 차 취득세 감면은 유지하되 중·장기적으로 친환경 차를 포함한 모든 차량에 주행거리세와 탄소세를 부과하자는 견해도 있다.

둘째, 자율 주행 셔틀과 개인형 교통수단 보급 확대를 위한 정책 지원과 인프라 확충이 필요하다. 자율 주행 셔틀은 운전자 없이 무인 자율 주행을 하는 셔틀버스라고 할 수 있다. 전기 차 기반으로 정해진 구간을 저속 주행하는 대중교통 서비스다. 개인형 교통수단은 전기 자전거, 전동 킥보드, 전동 휠과 같이 주로 전기를 동력으로 하는 1인용 이동 수단을 말한다. 기존에는 레저용이었다가 최근에는 친환경 근거리 교통수단으로 주목받고 있다. 유사한 개념인 초소형 개인 교통수단micro mobility은 전기 스쿠터나 초소형 전기 차처럼 1~2인이 탑승해 근거리나 중거리 이하를 주행하는 이동 수단을 의미한다.

도심 내 업무, 통학, 쇼핑 목적의 근거리 이동을 위한 통행 수단으로 탄소 저감형 모빌리티인 자율 주행 셔틀과 개인형 교통수단이 보급 확대된다면, 기존 자가용 이용 수요를 줄이면서 대기오염을 저감할 뿐만 아니라 도심지 교통 혼잡과 주차 문제까지 해결할 수 있을 것이다. 이를 위해서는 자가용 수요 억제 정책이 필요한데, 가령 기존 공공건물이나 업무 지구, 상가, 환승시설에 있는 자가용 주차 시설을 개인형 교통수단 주차나 공유를 위한 공간, 또는 자율 주행 셔틀을 환승할 수 있는 공간으로 전환하는 것을 고려할 수 있다. 뿐만 아니

라 시민들이 친환경 이동 수단을 더 많이 이용하도록 사회적
공감대를 형성하는 정책 지원도 제시할 필요가 있다.

산업 부문에서 에너지를 특히 많이 쓰는 분야로는 석유화학, 철강, 시멘트를 꼽을 수 있다. 실제로 산업 전체가 쓰는 에너지의 절반 이상을 이들 3대 중공업이 소비하고 있다. 그만큼 온실가스 배출도 많다. 3대 중공업의 이산화탄소 배출량은 산업 전체 배출량 가운데 약 70퍼센트를 차지한다.[1] 우리나라도 2017년 기준 석유화학 산업에서 4,000만 톤, 철강 산업에서 1억 톤, 시멘트 산업에서 3,600만 톤을 배출했는데, 이는 우리나라 산업 전체 이산화탄소 배출량 2억 6,000만 톤의 약 70퍼센트에 해당한다.[2]

3대 중공업은 탄소중립이 어렵다. 우선 생산품들이 현대사회의 필수 재화이기 때문에 수요를 억제하기 어렵다. 제조 과정에 고온열 공정이 포함되어 있어, 전력으로 대체하기 까다롭다는 점도 문제다. 재생에너지 확대만으로는 탄소 배출을 획기적으로 줄일 수 없다는 의미다. 탈탄소 기술이 개발되더라도, 즉시 적용하는 것 또한 쉽지 않다. 탄소 저배출 공정으로 바꾸려면 기존 고가 설비를 교체해야 하는데, 대표적인 설비인 고로(쇳물을 생산하는 대형 용광로)나 소성로(시멘트 원료를 굽는 원통형 가마)는 수명이 약 40년에 달한다.[3]

석유화학 산업의 탈탄소

배출 특성

석유화학 산업은 원유를 정제할 때 얻게 되는 나프타^{naphtha}를 기초 원료로 한다. 나프타는 원유를 증류할 때 섭씨 35~220도의 끓는점 범위에서 얻게 되는 탄화수소(탄소와 수소가 일정한 구성비로 이뤄진 고분자화합물) 혼합체를 말한다. 나프타를 분해하면 에틸렌, 프로필렌, 부타디엔, BTX(벤젠, 톨루엔, 혼합 자일렌) 같은 각종 유용한 물질을 얻을 수 있다. 나프타 분해를 위해서는 섭씨 800도 이상의 고온 열이 필요하며, 주로 에틸렌 생산과정에서 발생하는 수소와 메테인을 혼합해 열원으로 쓰고 있다. 나프타 분해 공정 이후에는 중합 공정을 거쳐 합성수지, 합성원료, 합성고무 등 우리 생활에 필요한 석유화학 제품의 원료가 만들어진다.

전력을 주 에너지원으로 쓰는 중합 공정은 재생에너지원을 점차 확대할수록 온실가스 배출을 줄여나갈 수 있는 반면, 나프타 분해 공정은 탄소 저감이 쉽지 않은 상황이다. 에틸렌,

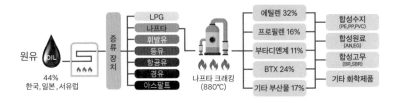

증류장치 → LPG / 나프타 / 휘발유 / 등유 / 항공유 / 경유 / 아스팔트

원유(OIL) 44% 한국, 일본, 서유럽

나프타 크래킹 (880℃)

에틸렌 32% / 프로필렌 16% / 부타디엔계 11% / BTX 24% / 기타 부산물 17%

합성수지 (PE,PP,PVC) / 합성원료 (AN,EG) / 합성고무 (BR,SBR) / 기타 화학제품

그림 4-6. 석유화학 산업 원료 및 생산 공정도
자료: 산업연구원, 2021.8.31.

프로필렌 같은 기초 유분 base chemical 생산에서 배출되는 온실가스는 나프타 사용이 원인이기 때문이다. 따라서 나프타 자체를 탄소중립 원료로 대체해 온실가스를 줄이는 방안을 찾는 것이 석유화학 산업에서는 최우선 과제라고 할 수 있다.

주요 탄소 감축 기술

나프타를 대체하는 탈탄소 노력에 따라 최근 기술 개발 단계에 있는 '그린 나프타'가 대두되고 있다. 그린 나프타란 재생에너지로 생산한 수소와 대기 중 이산화탄소를 반응시켜 합성석유를 만들고, 이를 석유화학 원료로 사용하는 것이다. 이때 수소는 그린 수소라야, 그린 나프타의 요건에 완벽히 부합하게 된다. 한편 탄소는 각종 화석연료 연소 공정에서 대량 배출한 이산화탄소를 포집해 활용하는 방안이 당장은 비용 면에서 현실적일 것이다(배기가스 내 이산화탄소 농도가 10퍼센트 이상일 때의 이야기다). 하지만 이 그린 나프타로 만든 석유화학 제품이 최종 소비자에게 소비된 후 버려져 소각되면, 이산화탄소가 다시 공기 중으로 배출된다. 궁극적인 탄소중립으로 보기에는 무리가 있다.

그린 나프타가 보다 탄소중립에 가까우려면, 결국 대기 중 이산화탄소를 직접 포집하거나 광합성으로 흡수한 바이오 자원을 활용해 만들어져야 한다. 바이오 자원 기반 나프타는 지금 기술로도 바이오디젤의 부산물로 얻어낼 수 있지만, 이 방식으로 탄소중립을 이루자는 것은 현실적이지 못하다. 바이오디젤은 어디까지나 디젤 수요를 기반으로 생산량이 결정되므로, 부산물의 생산을 늘리기 위해 바이오디젤을 증산하는 것에는 한계가 있기 때문이다.

따라서 보다 현실적인 접근으로서, 나프타가 아니라 메탄올 같은 중간물질로 합성하는 기술이 주목받고 있다. 포집한 이산화탄소와 그린 수소로 메탄올을 합성하거나, 바이오매스에서 특정 중간물질로 직접 전환해 최종 제품을 생산하는 것이다. 독일 화학공학·생물공학회가 2017년 발표한 탄소중립 시나리오에서도 같은 전망을 내놓았다. 포집한 이산화탄소와 그린 수소로 메탄올, 올레핀olefin, BTX를 만들거나, 그린 수소에만 기반해 암모니아를 생산한다면, 화학물질 생산공정이 배출하는 온실가스를 대부분 저감할 수 있다는 것이다. 이렇게 생산된 메탄올과 암모니아는 제품 1톤당 각각 1.5톤과 1.7톤의 이산화탄소를 감축할 수 있어서, 탈탄소화를 위한 핵심 중간물질로 평가되었다.

IEA가 2020년 발표한 지속 가능 발전 시나리오에서도, 1차 화학물질 생산공정에서 그린 메탄올과 그린 암모니아를 만드는 방안을 석유화학 부문 온실가스를 크게 줄이는 핵심 기술로 전망했다. 하지만 CCUS 기술을 제외하고는 대부분 기존 생산공정을 대체하는 방식이므로, 당장은 경제적 부담이 큰 상황이다. 화학 플랜트 수명이 대개 25년 정도임을 감안하면, 우선 기존 공정에 CCUS 기술부터 도입하는 방안이 필요해 보인다.

철강 산업의 탈탄소

배출 특성

철^{Fe}은 자연 상태에서 철광석(적철광^{Fe_2O_3}, 자철광^{Fe_3O_4} 등)처럼 산소와 결합된 형태로 존재한다. 따라서 철 성분만 뽑아내기 위해서는 철광석에서 산소를 분리하는 환원 반응이 먼저 이뤄져야 한다. 이때 필요한 물질이 코크스^{cokes}다. 석탄으로 만들어져 탄소를 다량 함유한 코크스는 용광로에서 철광석을 녹이는 열원으로 작용한다. 이 과정에서 일산화탄소를 발생시켜 철광석으로부터 산소를 분리하는 환원제 역할도 한다.

제철소에서 철강 제품을 만드는 데는 보통 제선, 제강, 연주, 압연이라는 공정이 이어진다. 제선은 고로에 철광석과 코크스 등을 넣고 녹여 쇳물을 뽑아내는 과정이다. 이때 만들어진 철을 선철$^{pig\ iron}$이라고 한다. 제강은 쇳물에서 불순물을 제거하는 과정이다. 연주는 액체 상태의 쇳물을 고체로 응고시키는 과정이고, 압연은 롤 여러 개로 철을 얇고 넓게 펴는 과정을 말한다.

제철 공정은 크게 철광석을 원료로 하는 '전로 제강법'과 고철을 원료로 하는 '전기로 제강법'으로 나눌 수 있다. 전로 제강법은 제선-제강-연주-압연으로 이어지는 이른바 일관 제철 공정을 거치고, 전기로 제강법은 제강-연주-압연 과정만 거친다. 현재 생산되는 철강의 71퍼센트가 전로 제강법으로, 29퍼센트는 전기로 제강법으로 생산된다.[4] 철강 산업의 온실가스 배출은 주로 일관 제철 공정의 제선 과정에서 일어난다. 앞서 설명했듯 고로에서 코크스를 태워 일산화탄소를 발생시키고, 이를 철광석과 반응시켜 산소를 제거하는 환원 반응을 유도하는 것이 제선 과정이기 때문이다. 따라서 이 공정의 이산화탄소 저감이 핵심이라고 할 수 있다.

주요 탄소 감축 기술

철강 산업에서 온실가스 감축을 위한 방안으로는 '수소 환원 제철' 기술이 주목받고 있다. 이는 철광석에서 산소를 떼어내는 환원제로 코크스 대신 수소를 사용하는 기술이다. 철광석이 수소와 결합해서 철과 물을 생성하는 환원 반응($Fe_2O_3 + 3H_2 \rightarrow 2Fe + 3H_2O$)을 이용하는 것이다. 이 과정에서 환원된 철을 직접 환원 철이라고 부른다.

이 기술을 현장에 적용할 때는 코크스를 수소로 일부만 대체하거나, 100퍼센트 대체하는 두 가지 방식이 있다. 전자의 방식은 기존 고로를 써서 제선-제강-연주-압연 공정을 그대로 거치게 된다. 반면 후자는 철광석과 코크스를 반응시키는 제선 공정이 필요 없으므로, 고로 대신에 유동 환원로라는 설비를 도입해서 직접 환원 철을 만든 후 전기로 제강법(제강-연주-압연)에 투입한다. 따라서 기존 고로 설비의 잔존 수명이 많이 남은 경우 전자의 방식이 적합하고, 후자의 경우는 기존 설비들을 바꿔야 하므로 노후 설비의 교체 시점을 고려해 도입한다.

코크스를 일부만 수소로 대체하는 방식은 우리나라와 일본이 2000년대 후반부터 연구 개발을 추진해왔는데, 탄소를 10~15퍼센트 저감할 수 있는 것으로 알려졌다. 따라서 보다 탄소중립에 근접하려면 CCUS 기술 등을 추가 도입할 필요가 있다. 코크스를 100퍼센트 수소로 대체하는 방식은 독일 기업 잘츠키터와 스웨덴 기업 하이브리트가 추진 중이며, 그린 수소를 공정에 투입한다면 탄소중립을 달성할 수 있다.

시멘트 산업의 탈탄소

배출 특성

시멘트는 건축·토목 산업의 필수 기초 소재로, 대체재가 없어 수요가 꾸준히 있다. 상당한 무게로 인해 물류비용이 높아, 대부분 자국 소비용으로 생산된다. 시멘트 산업은 2019년 기준 온실가스 배출량이 3,900만 톤으로, 국내 전체 탄소 배출량의 5.6퍼센트와 산업 부문 배출량의 10퍼센트에 달하는 대표적인 탄소 다배출 산업이다.

시멘트는 채굴한 석회석을 분쇄해 섭씨 1,450도 이상 고온의 소성 공정으로 클링커clinker라는 중간제품을 제조한 후, 이를 석고 같은 혼합 재료와 섞어서 생산한다. 온실가스는 클링커를 만드는 소성 공정에서 가장 많이 배출된다. 2019년 기준 시멘트 산업이 배출한 온실가스 3,900만 톤 가운데 약 57퍼센트는 소성 공정에서, 약 30퍼센트는 연료 사용에서, 약 13퍼센트는 전력 사용에서 배출된 것으로 집계됐다.[5]

> **소성**
>
> 시멘트의 주원료인 석회질 성분CaCO₃에 점토질, 규산질, 산화철 등의 원료를 혼합한 뒤 소성로kiln에서 고온-냉각 과정을 거쳐 클링커CaO를 형성하는 과정을 가리킨다. 여기에 응결 지연제인 석고를 첨가해서 분쇄한 것이 시멘트다. 소성은 다음과 같은 화학식으로도 나타낼 수 있다.
>
> $$CaCO_3 \rightarrow CaO + CO_2$$

주요 탄소 감축 기술

앞서 언급했듯 절반 이상의 온실가스가 소성 공정에서 집중적으로 배출되지만, 발생한 이산화탄소를 제거하는 CCUS 기술 외에는 마땅한 감축 방안이 없다. 따라서 시멘트 산업에서 CCUS 기술의 탄소 감축 기여도는 다른 산업에서보다 절대적이라고 할 수 있다. 시멘트 산업이 배출하는 배기가스 내 이산화탄소 농도는 보통 20퍼센트 이상으로, 석탄 화력발전소가 배출하는 배기가스(이산화탄소 농도 13퍼센트)에 비해서도 높은 편이다. 배기가스의 이산화탄소 농도가 높다는 것은 탄소 포집 장치의 규모를 줄이는 요인으로 작용해, 그만큼 경제성 확보가 용이해진다.

시멘트 산업에서 온실가스를 줄이는 또 다른 방법은 클링커 생산 자체를 줄이는 것이다. IEA는 클링커의 대체 물질을 발굴해 클링커 대 시멘트 비율을 낮추는 것을 주요 감축 방안으로 제시한다. 널리 쓰이는 일반 시멘트의 경우 0.57, 혼합시멘트의 경우 0.5를 이론적인 하한치로 보고 있다.[6]

클링커의 대체 물질로는 고로 슬래그blast furnace slag와 플라이애시fly ash가 활용되고 있다. 고로 슬래그는 철광석에서 철을 분리하고 남은 물질을 말한다. 제철소 용광로에서 선철을 만드는 제선 공정을 거치면 철광석의 암석 성분이 녹아 쇳물 위에 부산물로 떠 있게 된다. 이를 냉각시켜서 분쇄해 만든 분말은 석회석 대신 사용할 수 있는 친환경 시멘트 원료가 된다. 플라이애시는 화력발전소에서 석탄 연소 후에 남게 되는 부산물이다. 이 역시 클링커의 대체재로 활용할 수 있다.

이 밖에도 이산화탄소를 광물화해 시멘트 대체재를 만드는 기술 또한 주목받고 있다. 이산화탄소 광물화는 산업 현장에서 배출되는 이산화탄소를 포집해, 칼슘이나 마그네슘 같은 알칼리 금속과 반응시켜서 탄산칼슘(석회석), 탄산마그네슘 등 고체 탄산염을 만드는 기술이다. 광물화된 고체 탄산염은 시멘트 대체재로 활용할 수 있다. 게다가 포집한 이산화탄소를 잡아두는 효과까지 있어, 이산화탄소 저장과 활용에 해당하는 기술이라고 할 수 있다.

시멘트 혼합물에 이산화탄소를 직접 주입해 콘크리트를 양생하는 기술도 있다. 콘크리트 제조 과정에서 클링커의 사용을 줄일 수 있으며, 포집한 이산화탄소를 저장하는 역할도 한다. 이산화탄소 광물화 기술과 이산화탄소 직접 주입·양생 기술은 미국, 캐나다, 유럽에서 이미 시장 진입 단계에 도달한 것으로 평가된다. 대표적으로 미국 시멘트 기업 칼레라는 포집한 이산화탄소를 활용해 하루에 2톤 규모로 탄산칼슘 시멘트를 생산하는 파일럿 실증을 완료한 바 있다.

정책적 과제

석유화학과 철강은 우리나라의 대표적인 수출 산업이다. 국내의 탄소중립 정책뿐만 아니라 최근 유럽에서 예고한 탄소 국경세 도입에도 대응해야 하는 등 안팎으로 어려움이 큰 상황이다. 이는 다른 나라도 마찬가지여서, 주요 국가들은 자국에서 탄소중립 기술을 개발하고 시장을 형성시키기 위해 다양한 지원 방안을 검토하고 있다. 예를 들어 우리나라와 산업구조가 비슷한 독일은 이미 연구 개발 자금 지원과 함께 유럽 차원의 시장 형성을 위한 탄소 차액 계약 제도, 그린 철강 할당제 같은 지원책을 계획하고 있다.

우리나라 또한 탄소중립을 위한 주요 산업 기술의 연구 개발이나 대규모 실증 사업을 지원하는 정책을 마련해, 산업계가 감수해야 하는 투자 위험을 최소화할 필요가 있다. 또한 탄소 차액 거래, 공공 부문 의무 조달 등 초기 시장을 형성하는 데 필요한 별도의 지원책도 적극적으로 고려할 때다.

저탄소 트렌드에 발맞춘 기업 경영

저탄소 가치 소비를 이해하기 위해서는, 기업은 물론 소비자 활동까지 살펴볼 필요가 있다. 기업의 경영전략이 탄소중립과 소비자 개인에게 어떤 영향을 미칠까? 반대로 소비자가 변화하면, 기업의 경영 전략이 어떻게 바뀔까?

탄소중립 맥락에서 기업들은 국내외로 경영전략의 변화를 요구받고 있다. 무역 환경은 기후변화 대응 기조를 점차 강화하고 있고, 국내적으로는 그린 뉴딜 정책과 장기 저탄소 발전 전략이 시행되면서 경영 환경이 바뀌고 있다. 이러한 변화에 발맞추려는 기업의 생존 전략은 그린 산업의 창출, 그린 비즈니스를 통한 그린 시장의 선점으로 나타난다.

그린 산업이라는 기치 아래 기업이 펼치는 친환경 경영전략 중 하나는, 소비자에게 환경과 관련된 생각이나 감성을 자극하여 '지속 가능성' 같은 개념을 실천하는 소비로 이어지게끔 유인하는 것이다. 이러한 전략은 지난 10년간 꾸준히 발전해 제품의 생산과 유통뿐만 아니라 광고에서도 찾아볼 수 있다. 예를 들어 스포츠웨어 글로벌 기업인 나이키는 2025년까지 생산공정에 100퍼센트 재생에너지를 쓰고, 폐기물을 재사용한 제품을 만들어 탄소 배출을 30퍼센트가량 줄이겠다고 선언했다. 이를 반영해 광고에서는 지속 가능성이라는 개념을 브랜드와 연결함으로써, 기존의 '자신감' '활동적' '성취감' 같은 이미지를 갖고 있던 브랜드가 '환경' '순환' '의식 있는' 같은 개념으로도 소비자에게 각인되고 있다. 이러한 노력은 의류 분야가 패스트패션* 전략을 펴면서 환경을 오염시킨다는 비판에 맞선 행보로, 소비자의 기존 욕구를 만족시키는 그린 산업의 성장 가능성을 보여준다.

　그린 비즈니스 전략은 먹거리에서도 찾을 수 있다.
코카콜라는 지난 3년 연속 플라스틱 폐기물 배출량에서
세계 1위 업체로 선정됐다. 콜라를 담는 페트병이 100퍼센트
화석연료로 생산되기 때문이다. 이에 코카콜라는 100퍼센트
재활용 가능한 플라스틱 용기를 시범적으로 출시하고, 최종적으로
플라스틱을 전혀 사용하지 않는 용기 개발에 매진하고 있다.
'환경오염' '비도덕적' '뻔뻔함' 같은 이미지를 '그린 기술' '올바른
투자' '혁신'으로 탈바꿈하는 노력으로서, 급진적으로 확대된 그린
시장에 대응하려는 자구책으로도 해석할 수 있다.

　바이든 정부 출범 이후 미국이 파리협정에 복귀하면서,
국제사회의 환경 규제가 한층 강화되고 있다. 이는 온실가스
배출을 억제하는 그린 기술을 개발하게끔 하는 기업 유인책이다.
마침 유럽연합은 재활용 불가능한 플라스틱 폐기물에 부과하는
플라스틱세plastic tax를 최근 도입했는데,** 이 역시 플라스틱
용기를 사용하는 기업에 많은 영향을 끼칠 것이다. 코카콜라가
100퍼센트 재활용이 가능한 플라스틱 용기나 대체재 개발에
지속적으로 투자하는 것은, 세금 폭탄을 피하려는 어쩔 수 없는
선택이기도 하다.

* 　유행을 즉각 반영해서 빠르게 제작하고, 빠르게 유통하는 의류를 말한다. 대표적인 브랜드로는 자라, H&M, 유니클로 등이 있다. 옷을 쉽게 사고 쉽게 버리는 소비 행태와 맞물려, 많은 옷을 제작하고 폐기하는 과정에서 환경을 해친다는 지적이 있다.

** 　이탈리아는 일회용 플라스틱을 수입하거나 생산하는 기업에 플라스틱 1킬로그램당 0.45유로로 부과하고, 프랑스는 재활용되지 않는 플라스틱 포장재를 사용한 제품에 10퍼센트의 부가세를 붙이고 있다.

5부

탄소 술래잡기

우리가 놓치지 말아야 할 점이 하나 있다. 지금 당면한 기후위기는 탄소 배출 감축만으로 극복되는 것이 아니라는 사실이다. 이미 배출된 탄소를 포집하고, 저장하며, 더 나아가 재활용하는 것 역시 대기 중 탄소 농도를 줄이는 데 기여할 수 있는 중요하고 실효성 있는 방안이다. 이 기술들이 어디까지 발전해 있으며, 어떤 분야에서 유용하게 사용될 수 있을지 살펴보는 것으로 5부를 마무리한다.

탄소중립이라 하면, 대개 에너지를 만들거나 사용할 때 배출하는 탄소를 최소화하는 기술이 떠오른다. 즉 탄소가 발생하는 것부터 막는 기술이라는 것이다. 여기서 더 나아가, 이미 존재하는 탄소까지 줄이는 건 어떨까. 배출된 탄소를 붙잡아서 격리하는 기술이 있다면, 기후변화를 일으키는 탄소를 더욱 줄일 수 있을 것이다.

탄소를 포집하고 저장하는 기술은 오래전부터 연구되고 있었다. CCS라고 불리는 이 기술은 1997년 교토의정서가 채택된 이후 탄소 감축의 주요 수단으로 간주되었다. 교토의정서가 본격 발효된 2005년에는 이 기술의 경제성을 평가한 IPCC 보고서가 나오기도 했다.

탄소를 포집해서 보관하는 데 초점을 두던 이 기술은 이후 포집한 탄소를 활용하는 영역까지 범위가 넓어졌다. IPCC도

2017년부터는 포집한 탄소의 활용에 큰 관심을 기울이고 있다. 이처럼 기존 CCS에서 산업적 활용^{utilization}까지 더한 개념이 탄소 포집·활용·저장 기술, CCUS 기술이다. CCUS 기술은 탄소 배출이 많은 발전 분야를 비롯해 철강, 시멘트, 석유화학 같은 주요 산업에서 활용되고 있다.

CCUS 기술의 개요

탄소의 포집

탄소 포집은 화석연료로 자원이나 에너지를 만드는 과정에서 발생한 이산화탄소를 선택적으로 분리하는 기술이다. 다시 말해 화석연료를 연소하는 기존 공정에, 이산화탄소를 분리하는 공정을 추가해 탄소를 포집하게 된다. 연소 공정의 어느 단계에서 분리하느냐에 따라 〈그림5-1〉에서 보듯 연소 전 포집, 연소 후 포집, 순산소 연소 포집으로 나눌 수 있다.

연소 전 포집은 화석연료의 부분 산화 단계에서 발생한 합성가스로부터 이산화탄소를 분리하는 방식이다. 천연가스나 석탄의 탄화수소는 부분 산화 단계에서 수소와 일산화탄소로 구성된 합성가스가 된다. 이 합성가스에 수증기를 주입하는 수성가스 전환 반응을 통해, 여분의 일산화탄소가 수소와 이산화탄소로 변한다. 이를 수소 분리막 등으로 걸러내면 이산화탄소가 포집되는 동시에 높은 순도의 수소를 얻게 된다.[1] 이 수소는 전력 생산에 활용될 수 있다.

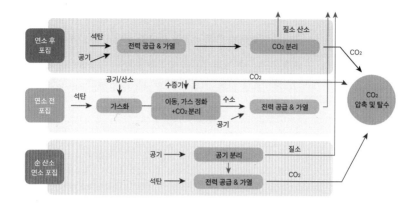

그림 5-1. 탄소 포집 공정 분류

부분 산화partial oxidation

탄화수소에 산소가 충분히 공급될 경우에는 완전 산화 반응이 일어난다. 이를 보통 연소라고 부른다. 그런데 완전 산화에 필요한 양보다 산소가 적게 공급된다면, 탄화수소의 일부가 이산화탄소나 물 외에 일산화탄소 같은 탄소화합물 기체로 바뀐다. 이를 일컬어 부분 산화라고 한다. 또한 이렇게 해서 생성된 일산화탄소 위주의 혼합 가스는 합성 가스라고 부른다.

연소 후 포집은, 연소 공정 이후 발생한 배기가스에서 이산화탄소를 질소산화물과 각종 불순물로부터 분리하는 기술이다. 상온과 대기압 조건에서 포집 가능하다는 장점이 있다. 탄소 포집 단계에서는 분리막 기술, 흡수 기술, 흡착 기술이 적용된다.[2]

분리막membrane

> 액체나 기체에서 특정 성분만 통과할 수 있도록 설계된 분리막을 말한다. 이때 막을 통과한 성분을 투과물, 막에 걸러진 성분을 잔여물이라고 한다. 폐수 처리 분야에서 오래전부터 발전되었고, 현재는 식품, 음료, 의약품, 산업 가스 처리 등 응용처가 넓어지고 있다.

먼저 분리막 기술은 기체마다 투과성이 다르다는 특성을 이용한다. 기체마다 분리막을 통과하는 속도가 다르기 때문에 투과성의 차이가 나타나는 것이다. 배기가스를 분리막에 투과시키면, 배기가스 내에서 상대적으로 속도가 빠른 기체는 분리막을 통과하게 되고, 나머지 기체들은 분리막을 통과하지 못하고 잔류하게 되면서 기체들이 분리된다. 예를 들어, 이산화탄소는 질소에 비해 속도가 빠르기 때문에, 분리막 기술을 이용한다면 배기가스에서 이산화탄소를 걸러낼 수 있게 된다. 반응 기체의 상전이phase transition 없이 연속 공정으로 이산화탄소를 분리한다는 장점이 있으나, 분리막 크기의 한계로 인해 대용량화가 어렵다는 단점이 있다. 반면 흡수 기술*은 이산화

---

* 흡수 기술은 화학반응을 이용해 배기가스 중 이산화탄소를 액체(고체) 흡수제와 선택적으로 결합시켜 포집하는 방식이다. 세부적으로 분압 차를 이용해 이산화탄소를 분리하는 물리 흡수법과 이산화탄소와 특정 반응 성분 간 화학반응을 이용하는 화학 흡수법이 있다. 또한, 사용하는 흡수제의 종류에 따라 습식 흡수법(액체 흡수제)과 건식 흡수법(고체 흡수제)으로 분류할 수 있다. 대표적으로 알카올 아민 흡수제는 이산화탄소가 알카올 아민의 아미기와 결합해 카바메이트라는

탄소의 대량 포집에 유용하고 공정이 단순하다는 장점이 있지만, 공정 과정에서 가해지는 열로 인해 흡수 용매가 부식된다는 단점이 있다.

흡착 기술은 분리하려는 물질마다 흡착 특성이 다르다는 점을 이용한다. 크게 물리적 흡착과 화학적 흡착으로 구분된다. 흡착과 탈착 공정을 반복할 수 있어서, 흡착제를 재사용할 수 있다는 장점이 있다. 하지만 흡착제의 크기가 제한되어 있어 중소 규모 포집에 적합하다. 주로 매립지 가스나 바이오 가스 속 이산화탄소를 제거해 메테인의 순도를 높이는 데 쓰인다.

끝으로 순 산소 연소 포집은 연소 공정에 사용되는 공기를 고순도 산소로 대체해 연소 효율을 높이면서, 질소산화물과 불순물을 크게 줄이는 기술이다. 연소 후 포집보다 높은 순도의 탄소를 얻을 수 있다.

세 종류의 포집 방식 가운데 현재는 비용이 가장 적게 드는 연소 후 포집이 많이 활용되고 있다. 연소 전 포집과 순 산소 연소 포집은 높은 순도로 탄소를 분리하지만, 전처리 단계에 추가로 필요한 시설만큼 비용이 올라가기 때문이다. 하지만 연소 전 포집은 앞서 언급했듯 높은 순도의 수소를 부산물로 얻을 수 있어, 향후 수소 경제가 확대되는 시기에 매력적인 선택이 될 수 있다. 순 산소 연소 포집도 고순도 산소를 저렴하게 공급할 수 있는 방안만 찾으면, 비용 면에서 연소 후 포

화합물로 전환되는 원리를 이용한다.

집보다 효율적인 기술이 될 것이다.

탄소의 이용

포집한 탄소를 활용한다는 것은, 이산화탄소를 재료로 유용한 물질을 만들어낸다는 뜻이다. 이를 탄소 전환 기술이라고 할 수 있는데, 크게 화학적 전환과 생물학적 전환이 있다. 화학적 전환은 다시 고분자 제조와 이산화탄소 환원 반응으로 구분한다. 생물학적 전환은 미세 조류의 광합성 반응이 주를 이룬다. 화학적 전환이 자연의 광합성 과정을 인공적으로 모사한 것이라면, 생물학적 전환은 자연에서 일어나는 광합성 자체를 이용하는 기술이다.

화학적 전환에서 이산화탄소 환원은 이산화탄소 분자에 전자를 제공해 메테인, 메탄올, 에틸렌, 포름산 같은 생성물을 만드는 기술이다. 화학적 전환은 환원 반응을 일으키는 방법에 따라 이산화탄소 수소화 반응과 전기화학적 반응으로 나뉜다. 이산화탄소 수소화 반응은 촉매를 이용해 이산화탄소를 수소와 반응시켜 메탄올, 일산화탄소와 같은 생성물을 만든다. 전기화학적 반응은 이산화탄소가 포함된 전해질에 전기에너지를 투입해, 수소 이온 및 전자를 이산화탄소에 공급함으로써 환원 반응을 일으킨다. 반응에 참여하는 전자와 수소 이온의 개수에 따라 에탄올, 개미산, 포름산 등의 다양한 부산물이 생성된다.

한편 고분자 제조는 이산화탄소를 환원하지 않은 채 폴리카보네이트^{polycarbonate}라는 물질로 합성하거나, 이를 더 반응시켜 다수의 하이드록시기를 갖는 물질인 폴리올^{polyol}을 만드는 기술이다. 폴리올은 산업 현장에서 다목적으로 활용되는 폴리우레탄의 원료가 된다. 폴리카보네이트 기반의 폴리올은 다른 원료로 제조한 폴리올에 비해 내열성, 내산화성, 내가수분해성이 우수하다는 장점이 있다.

> **이산화탄소 수소화 반응**
> 이산화탄소 수소화 반응은 아래와 같은 반응식으로 일어나며, 그 결과 메탄올과 물이 발생한다.
> $$CO_2 + 3H_2 \rightleftarrows CH_3OH + H_2O$$

> **하이드록시기** hydroxy group
> 하이드록시기는 수소 원자 한 개와 산소 원자 한 개로 이루어진 일가의 작용기다. 이때 작용기란 유기화합물의 성질을 결정하는 데 중요한 역할을 하는 특정 원자단이나 구조를 말한다. 일례로, 하이드록시기 간 수소결합이 가능하기 때문에 하이드록시기를 갖는 물질은 물에 쉽게 녹는다. 알코올, 페놀 등이 이에 해당한다.

생물학적 전환에는 주로 미세 조류가 활용된다. 만일 광합성 반응으로 탄소를 줄이는 속도가 탄소화합물이 발생하는 속도와 균형을 이룰 수 있다면, 자연 그대로의 탄소 전환이란 점에서 가장 이상적이라고 할 수 있다. 미세 조류는 세포 성장과 이산화탄소 고정 속도가 매우 빠른 편이라, 좁은 면적에서도 고농도의 바이오매스를 확보할 수 있다. 일본 도쿄전력의 연구 결과에 따르면 미세 조류의 이산화탄소 고정 속도는 성장 속도가 빠른 사탕수수에 비해서도 2.8배 높으며, 소나무 같은 큰 나무보다는 15배가량 높다고 알려져 있다.[3]

미세 조류를 통한 탄소 전환을 본격적으로 상용화하려면, 같은 면적에서 더 많은 미세 조류를 성장시키는 기술이 필요하다. 또한 산업 현장에서 배출되는 이산화탄소를 미세 조류에 공급하는 시스템만 제대로 갖춰져도 비용 면에서 효율적인 포집 기술이 될 수 있다. 여기에 태양광까지 적극 활용할 경우, 공정에 드는 에너지도 줄일 수 있게 된다.

탄소의 저장

포집한 탄소는 어떤 방식으로 대기와 격리할 수 있을까. 과거에는 깊은 바다에 저장하는 방안이 제시되었다. 이탈리아 물리학자 체사레 마르케티가 1977년 처음 제안한 이후[4] 심해 저장은 탄소를 대량 저장하는 매력적인 방법으로 고려되었다.

하지만 심해 저장은 해양 산성화를 심화시키는 문제가 있다. 그렇지 않아도 대기 중 이산화탄소 농도가 높아지면서 바다는 이미 자연적으로 산성화되고 있다. 바닷물의 수소이온농도pH가 조금만 변해도, 촘촘하게 얽혀 있는 해양 생태계는 큰 타격을 받게 된다. 이러한 우려에 따라 현재는 심해 저장보다 지중 저장을 우선 고려하고 있다.

지중 저장은 석유 가스 등 자원을 채취해 생긴 지하 빈 공

간에 유체화된 이산화탄소를 주입하는 방식이다. 하지만 이
것도 간단한 일이 아니다. 국내에는 지중 저장을 할 만한 거
대한 지하 공간이 많지 않을뿐더러, 대규모 지하 공사다 보니
지진을 유발할지 모른다는 지역 주민들의 우려가 높다. 실제
경북 포항 영일만에서는 200억 원이 넘는 예산을 들여 이산
화탄소 저장 시설을 지었다가, 주민들의 강한 반발에 부딪혀
결국 폐쇄를 결정하기도 했다.[5]

CCUS 기술 개발 현황

연소 후 포집 기술의 개발현황

앞서 설명했듯 연소 후 포집에는 분리막 기술, 흡수 기술,
흡착 기술이 적용된다. 이 중 이산화탄소 포집에 사용되는 분
리막은 소재에 따라 유기막과 무기막으로 구분된다. 고분자
분리막은 유기막의 대표적인 종류로서, 고분자 내에서 기체마
다 투과도와 용해도가 다르다는 점을 이용한다. 고분자 소재
는 가공성이 높고 생산가격이 낮기 때문에 대면적화와 모듈화
가 쉽다는 장점이 있다. 그러나 내연소성 및 내화학성이 낮고,
투과도와 용해도를 동시에 높이는 데는 소재에 한계가 있다는
단점이 있다. 무기막은 고분자 분리막에 비해 열적, 화학적 안
정성이 높다는 장점이 있지만, 높은 제조 가격과 모듈 작업이
어렵다는 단점이 있다. 분리막 기술은 기존의 산업용 분리막
제조사들이 개발을 이끌고 있다. 2015년 미국 기업 에어프로

덕츠는 프리즘Prism이라는 고분자 분리막을 석탄 발전 배기가스의 포집에 최초로 적용했다. 그러나 수분이 발생하면서 성능이 지속적으로 저하되는 문제가 있었다.

분리막 기술로 유명한 미국 기업 MTR는 다층 복합막으로 구성된 폴라리스Polaris 분리막을 사용해 9,133시간 동안 공정을 가동하는 데 성공했고, 비교적 높은 83~91퍼센트의 이산화탄소 포집률을 보였다. 2017년 이후에는 독일 헬름홀츠-첸트룸 게스트하흐트 연구소에서 개발한 폴리액티브PolyActive 막이 이산화탄소 포집 공정에 적용됐다. 막의 투과율이나 선택도에서는 성능이 개선되었지만, 이산화탄소에 의한 팽윤 현상으로 성능이 저하되는 문제가 있다.

현재 개발 중인 새로운 분리막 소재로는 내재적 마이크로기공성 고분자막과 열 전환 고분자막 등이 있다. 이들 고분자는 작동 온도 범위에서 유리상 구조를 띤다. 자유 체적이 커서 기존 유리상 고분자에 비해 투과도가 크지만, 이산화탄소에 따른 팽윤이 작아 내구성이 높다는 장점이 있다.

국내에서는 한양대학교가 열 전환 고분자 기반 분리막을, 에어레인이 폴리이미드 기반 분리막을 실증한 연구가 수행된 바 있다. 한국전력과 아스트로마는 고분자 분리막 포집 공정을 공동 개발해 당진화력발전소와 필리핀 마우반 화력발전소에서 기술을 실증하고 있다.

팽윤swelling

고분자를 용매 속에 담그면 고분자를 구성하고 있는 고분자 사슬 사이에 용매 분자가 끼어들어 겔gel 모양으로 부풀어 오르는 현상이다. 고분자 소재의 분리막은 분리 기능이 감소할 수 있다.

폴리이미드polyimide

이름 그대로 이미드imide 구조가 중합된 고분자를 말한다. 여기서 이미드는 암모니아 구조에서 수소 원자 두 개가 아실기acyl group, RCO-로 치환된 구조를 갖고 있다. 열 안정성과 기계적 강도, 전기 절연성이 높아 다양한 산업 분야에서 활용되고 있다.

흡수 기술을 이용한 포집 분야도 기술 개발이 활발하다. 미국 텍사스의 240메가와트급 페트로노바 플랜트는 대규모 이산화탄소 습식 포집(140만 톤)을 통해 전기를 만들어내는 미국 유일의 석탄 화력발전소다. 캐나다의 110메가와트급 바운더리댐 플랜트도 이산화탄소 포집 기술이 적용된 석탄 화력발전소다.

국내에서는 미국이나 캐나다처럼 대규모 공정이 운영되지는 않지만, 다양한 기술이 시도되고 있다. 한국전력의 전력 연구원은 코솔KoSol이라고 명명한 고효율 습식 아민 이산화탄소 흡수제를 독자 개발해 성능을 시험했고, 최근 한국중부발전 보령발전본부에 KoSol-4를 적용한 10메가와트급(연간 6만 톤) 습식 포집 설비를 설치해 시범 운전하고 있다. 또한 한국남부발전 하동화력본부에는 이산화탄소 사업단이 개발한 건식 흡

수제를 사용해 10메가와트급 건식 포집 플랜트를 설치·운전
하고 있다.

한국에너지기술연구원은 2006년부터 키어솔ᴷᴵᴱᴿˢᴼᴸ이라고 이
름 붙인 흡수제를 지속적으로 개발해왔으며, 연간 약 3,000톤
규모의 포집 설비를 추후 구축할 예정이다. 또한 경희대·서강
대와 함께 마브ᴹᴬᴮ, Modulated Amine Blend라는 차세대 흡수제를 공
동 개발하고, 한국서부발전에 3,000톤 규모의 포집 설비를 구
축해 운전하고 있다.

이산화탄소 전환 기술의 개발 현황

탄소를 포함하고 있는 이산화탄소는 적절한 공정을 거쳐 다
양한 형태의 탄화수소로 전환될 수 있다. 여러 산업 공정에서
활용되는 메탄올도 탄화수소의 일종으로서, 수소화 과정을 통
해 이산화탄소에서 합성할 수 있다. 이 밖에 전기화학적 환원
반응으로 메탄올을 만드는 방법도 있다. 탄소 전환으로 생산

된 메탄올은 추가 공정을 거쳐 더욱 값어치 있는 에틸렌, 프로필렌으로 제조할 수 있다.

포집한 이산화탄소로 기존보다 더 복잡한 고분자를 만드는 시도도 지속되고 있다. 미국 기업 노보머는 이산화탄소를 비정질의 폴리카보네이트로 전환하는 기술을 개발해 사우디아라비아의 아람코에 이전한 바 있다. 국내에서는 아주대학교 이분열 교수 팀이 이 기술을 개발해 SK이노베이션에 기술이전한 사례가 있다.

한편 이산화탄소를 원료로 하는 폴리올은 최근 독일 기업 코베스트로가 상용화했으며, 국내에서는 포스텍에서 실증 연구를 수행했다. 국내 기업 SK이노베이션은 비정질의 폴리카보네이트를 다양한 제품으로 활용하는 시도와 함께, 물성을 제어하기 위한 추가 연구를 하고 있다.

연료로 많이 사용되는 탄화수소를 이산화탄소로부터 생산하는 기술도 부상하고 있다. 이산화탄소로부터 전환된 일산화탄소에 수소가 혼합된 합성가스는 각종 탄화수소 및 화학반응 중간체를 생산하는 원료 물질로 사용된다. 특히 이산화탄소 발생이 없는 신재생에너지로 수소를 생산할 경우, 전 과정에서 사실상 탄소를 배출하지 않게 된다. 이는 재생에너지를 수소나 열, 기타 합성 연료 등으로 저장하는 방식인 이른바 P2X 기술과 연계할 수 있는데, 수소와 합성가스를 얼마나 경제적으로 만들 수 있는지가 관건이다.

향후 CCUS 기술이 가장 많이 쓰일 영역은 시멘트, 발전, 철강 같은 고탄소 산업 분야, 그리고 이산화탄소를 다량으로 배출하는 수소·암모니아 제조 공정으로 예상된다. 특히 생산과정에 CCUS 기술을 적용해 만든 블루 수소는, 기존 생산 방식에 비해 이산화탄소 배출이 8~12배 감소하는 것으로 알려져 있다.

CCUS 기술을 통한 이산화탄소 저감이 본격화되려면 기업이 자발적으로 도입하게끔 경제성을 확보하는 것이 중요하다. 해외 주요 글로벌 기업들은 탄소 감축 기술에 대대적으로 투자해 선제적 대응을 하고 있는 상황인데, 국내에서도 CCUS 기술의 경제성이 확보될 경우 기업의 저탄소 전략 수립에 큰 도움이 될 것이다.

CCUS 기술로 탄소 배출을 줄일 수 있다면, 기업 간 크레딧 거래에서 더욱 수익을 낼 수 있다. 탄소 배출이 많은 기업에게 크레딧을 팔 수 있기 때문이다. 1크레딧은 1톤의 이산화탄소를 제거, 감소한 것과 같은 효력을 지닌다. 탄소 배출권의 가격은 계속해서 오를 전망인데, 1톤당 가격은 2025년 75달러, 2030년 130달러, 2050년에는 250달러까지 치솟을 것으로 예상된다. 이러한 추세라면 화석연료를 쓸수록 추가되는 탄소 가격은 계속 오르게 된다. 결국 신재생에너지 대비 화석연료가 갖는 가격 경쟁력이 지속적으로 낮아지는 것이다.

CCUS 기술의 중요성이 부각되면서, 주요 선진국과 에너지 기업들은 이미 기술 개발에 매진하고 있다. 현재까지 연간 최대 4,000만 톤의 이산화탄소를 포집할 수 있는 대규모 CCUS 시설은 전 세계에 약 스무 곳이 있고, 그중 절반 이상이 미국과 캐나다에 있다. 그뿐만 아니라 엑손모빌이나 로열더치쉘 같은 글로벌 기업들 역시 지속적으로 CCUS 기술에 투자해 상용화하고 있고, 최근에는 독창적인 기술을 가진 스타트업 기업도 등장하고 있다.

하지만 우리나라는 여전히 소규모 실증 수준에 머물고 있는 실정이다. 글로벌CCS연구소가 발표한 국가별 CCS 기술 준비도에 따르면, 2019년 기준 준비도 지수˙는 미국이 70, 캐나다가 71인 데 반해, 한국은 37에 불과해 한참 뒤떨어진 것으로 나타났다. 그만큼 우리나라는 CCUS에 적용할 수 있는 요소 기술을 적극 발굴하는 한편, 대규모 CCUS 시설 운영을 위해 인프라 투자와 기술 융·복합을 꾀할 필요가 있다.

＊   CCS 기술의 성숙 수준을 뜻한다. 글로벌CCS연구소가 모니터링해 0부터 100 사이의 값으로 산출해서 발표한다.

친환경적인 가치를 소비하는 개인, '그린슈머greensumer'가
부상하고 있다. 그린슈머는 자연과 환경을 상징하는 그린green과
소비자를 뜻하는 컨슈머consumer의 합성어로서, 일상에서 환경을
우선적으로 고려하는 소비자를 가리킨다. 이들은 생산과 유통
과정 전반에서 환경에 끼치는 영향을 따져가며 제품이나 서비스를
구매한다. '가성비'에 몰두하기보다는 가치 소비를 지향하면서,
기업의 가치나 환경보호 시도에 큰 의미를 부여한다.

최근 들어 그린슈머의 라이프스타일에서 많이 언급되는 두
가지는 비건라이프와 미니멀리즘이다. 20~30대 젊은 층 사이에서
비건라이프는 채식을 실천할 뿐만 아니라, 의류, 화장품, 생활용품
등을 고를 때 동물 성분을 배제하거나 동물실험에 반대하는 데까지
확장되고 있다. 국내 채식주의자도 크게 늘었다. 한국채식연합은
우리나라의 채식 인구를 150만~250만 명으로 추정하고 있다.
이는 세계 최대 규모의 채식 시장을 자랑하는 독일의 8분의 1에
그치지만, 20년 전 15만 명에 비해서는 열 배 이상 증가한 것이다.

기업도 비건라이프 시장의 성장세를 주목하고 있다. 독일의 비건
전문 슈퍼마켓 체인 '베간츠'는 2020년 상반기 매출이 전년 대비
35퍼센트 상승했다고 발표했다. 국내에서는 신세계푸드가 동물성
재료를 쓰지 않은 채식주의자용 베이커리를 2018년 출시했고,
동원F&B는 늘어나는 콩고기 수요에 맞춰 채소에서 단백질을
추출해 효모, 섬유질과 함께 배양한 대체육을 선보인 바 있다.

한편 미니멀리즘은 단순하고 간결한 것을 추구하면서 불필요한
물건들을 치우고, 신중하게 쇼핑해 오래 사용하며, 자급자족하는

성향을 가리킨다. 불편을 감수하더라도 소비를 자제하며, 소유하는 습관을 버리고, 적은 물건으로 일상을 보내는 미니멀리즘은, 제품 생산에 들어가는 에너지를 줄일 수 있다는 점에서 탄소중립과 통하는 측면이 있다. 하지만 이런 절제가 때로는 보상 심리로 이어져, '일점호화형 소비 심리'*를 자극하는 원인이 된다는 비판도 있다.

　기후 위기를 극복하는 노력은 일반 시민도 함께할 수 있다. 일상생활에서 탄소 배출을 저감하는 다양한 실천 방안이 공유되고 있다. 이를테면 약속된 날짜에 한 시간 동안 전등을 끄는 어스아워 캠페인**이나, 정부에서 개최한 '탈플라스틱 고고 챌린지'*** 같은 SNS 이벤트는 기후 위기에 대한 시민의 관심을 지속적으로 환기하고 있다. 시민들 각자가 자발적으로 실천하는 방법은 그 밖에도 많다. 먼저 탄소 발자국 계산기****를 쓰는 것이다. 자신이 얼마나 많은 탄소를 배출하며 생활하는지 확인할 필요가 있다. 또한 제로웨이스트 캠페인에

---

*　큰 심리적 만족감을 주는 하나의 아이템에 아낌없이 지갑을 여는 소비 행태를 말한다.

**　Earth hour. 세계자연기금WWF이 주최하는 환경 운동 캠페인. 매년 3월 마지막 주 토요일 전등을 한 시간 소등해 기후변화의 상징적 의미를 되새기는 자연 보전 캠페인으로서, 2007년 제1회 행사가 호주 시드니에서 개최되었다. 전 세계 주요 랜드마크가 동참하는 것으로 유명하다. 우리나라에서는 국회, 검찰청, 과학기술정보통신부를 비롯한 공공기관을 중심으로 적극적인 참여를 이어오고 있다.

***　생활 속 플라스틱을 줄이기 위해, 일상에서 하지 말아야 할 행동과 할 수 있는 행동을 한 가지씩 정해 SNS 등에서 약속하는 챌린지성 캠페인이다. 환경부가 2021년 1월 4일부터 시작해 지속적으로 이어가고 있다.

****　한국기후·환경네트워크가 제공하는 서비스로 전기, 가스, 수도, 교통 등 네 가지 분야에서의 탄소 배출량을 계산할 수 있다. 탄소 배출을 줄이는 생활 속 실천 방안뿐만 아니라, 관련 인센티브 제도도 함께 안내하고 있다.

관심을 갖는 것도 권장할 만하다. 사용한 모든 제품과 포장, 자재를 재활용·재사용해서, 쓰레기 배출이 제로에 가까워지게끔 생활 습관을 바꾸는 운동이다. 개인 용기에 음식을 포장하고, 손수건이나 텀블러, 장바구니를 사용하는 작은 실천부터 동참한다면, 일회용 쓰레기를 대폭 줄일 수 있다.

　주변에 보이는 쓰레기를 주우면서 조깅을 하는 플로깅* 운동법도 주목할 만하다. 북유럽에서 시작되어 지금은 전 세계가 동참하는 플로깅은, 조깅만 하는 것보다 운동효과가 좋다고 알려져 있다. 채식 위주로 식단을 바꾸는 것도 크게 보면 기후 위기 대응에 동참하는 방법이다. 전 세계 온실가스 배출에서 낙농업이 차지하는 비중은 16.5퍼센트나 된다. 특히 낙농업에서 많이 배출하는 메테인 가스는 이산화탄소보다 21배 강력한 온실효과를 일으킨다고 알려져 있다.

*　plogging. 이삭줍기를 뜻하는 스웨덴어 플로카 우프plocka upp와 달리기를 뜻하는 영어 단어 조깅jogging이 합쳐진 말이다. 건강과 환경을 동시에 챙길 수 있어 세계적으로 인기를 끌고 있다.

1부 왜 탄소중립일까

3장 탄소중립의 진짜 의미

1   과학기술관계장관회의, 「탄소중립 기술혁신 추진전략(안)」, 과학기술정보통신부 기초원천연구정책관 원천기술과, 2021.3.31.

2   관계부처 합동, 「에너지 효율 혁신전략」, 경제활력대책회의, 2019.8.21.

2부 새로운 에너지원을 찾아서

1장 태양광발전

1   김지홍, 『처음 만나는 신재생에너지』, 한빛아카데미, 2020.

2   「(특별기고) 태양광 발전은 林木 이상의 강력한 환경 보호 수단」, 『에너지타임뉴스』, 2018.11.13.

3   Felix Bloch, "Über die Quantenmechanik der Elektronen in Kristallgittern," *Zeitschrift fur Physik* 52, 1929, p. 555; Alan Herries Wilson, "The theory of electronic semi-conductors," *Proceedings of the Royal Society A* 133, 1931, p. 458.

4   D. M. Chapin, C. S. Fuller & G. L. Pearson, "A new silicon *p-n* junction photocell for converting solar radiation into electrical power," *Journal of Applied Physics* 25, 1954, pp. 676~77.

5   D. E. Carlson & C. R. Wronski, "Amorphous silicon solar cell," *Applied Physics Letters* 28, 1976, p. 671.

6   D. J. Friedman, Sarah R. Kurtz, K. A. Bertness, A. E. Kibbler, C. Kramer, J. M. Olson, D. L. King, B. R. Hansen & J. K. Snyder, "Accelerated publication 30.2% efficient GaInP/GaAs monolithic two-

terminal tandem concentrator cell," *Progress in Photovoltaics* 3, 1995, pp. 47~50.

7   에너지경제연구원, '신재생에너지의 현재와 미래,' 미래차 신재생에너지 분야 뉴딜 투자설명회 발표, 2020.11.19.

8   IRENA, *Renewable Power Generation Costs in 2019*, International Renewable Energy Agency, 2020, p. 12.

9   에너지경제연구원, '신재생에너지의 현재와 미래,' 2020.11.19.

10 강정화, 『그린뉴딜―태양광산업 분석(2020년 하반기)』, 한국수출입은행 보고서, 2020.12.23; "Global PV installations to surpass 150GW in 2021," *pv magazine*, 2021.2.16.

11 KOTRA, 「중국 태양광 발전 산업 동향」, 2020.5.28.

12 KOTRA, 「2021 유럽연합 재생에너지 산업 현황 ①―태양광 에너지」, 2021.4.19.

13 에너지경제연구원, 『세계 에너지시장 인사이트』 20(11), 2020, 57쪽.

14 산업통상자원부, 「제5차 신·재생에너지 기술개발 및 이용·보급 기본계획」, 2020.12.

15 산업통상자원부 재생에너지산업과, 「차세대 선도 기술 조기 확보를 위한 태양광 R&D 혁신 전략」, 2020.9.

16 김지용·송재준·이지은, 「태양광발전소의 입지에 따른 환경문제 해결 방안」, 『한국환경기술학회지』 12(2), 2011, 141~47쪽.

17 국가통계포털, '경지 이용 면적 및 경지 이용률,' https://kosis.kr/statHtml/statHtml.do?orgId=101&tblId=DT_1ET0040&conn_path=I2.

18 조영혁·조석진·권혁수·유동희, 「영농형 태양광발전 시스템 구축 및 활성화 방안 연구」, 『정보시스템연구』 28(1), 2019, 115~32쪽.

19 정재학, 「영농형 태양광발전 시스템의 현황과 전망」, 『한국태양광발전학회지』 6(2), 2020, 25~33쪽.

20 이재형·원창섭·최영관, 「수상 태양광발전 시스템 기술 개발 및 시장 동향」, 『한국태양광발전학회지』 1(2), 2015, 35~56쪽.

21 Young-Kwan Choi, "A study on power generation analysis of floating PV system considering environmental impact," *International Journal of Software Engineering and Its Applications* 8(1), 2014, pp. 75~84.

22 이응직, 「컬러형 BIPV 디자인 현황 및 사례 고찰—스위스 지역을
    중심으로」, 『한국태양에너지학회지』 41(1), 2021, 93~106쪽.

23 송형준, 「결정질 실리콘 컬러 태양광 모듈 기술 동향」,
    『한국태양광발전학회지』 5(1), 2019, 38~45쪽; 김기일, 「건물 일체형
    태양전지 시스템 친환경 건축자재 기술과의 연계를 통한 태양광
    시장에서의 새로운 기회」, 『KISTI 마켓리포트』 14, 2016, 1~6쪽.

2장 풍력발전

1   IRENA, *Future of Wind: Deployment, Investment, Technology, Grid
    Integration and Socio-economic Aspects(A Global Energy Transformation
    Paper)*, International Renewable Energy Agency, 2019, p. 9.

2   한국에너지공단, 「『신재생에너지 보급실적조사』 통계정보보고서」,
    2020.2.

3장 수소에너지

1   IEA, *The Future of Hydrogen*, International Energy Agency, 2019, p. 17.

2   www.iea.org/reports/hydrogen.

3   IRENA, *Green Hydrogen Supply: A Guide to Policy Making*, International
    Renewable Energy Agency, 2021, p. 12.

4장 바이오매스 발전

1   환경부, 『2020 국가 온실가스 인벤토리 보고서』, 환경부
    온실가스종합정보센터 보고서, 2020.

2   에너지경제연구원, 『2019년 에너지통계연보』, 2020.

3   황성혁, 「옥수수, 식량일까? 사료일까? 연료일까?」, 『나라경제』,
    경제정보센터, 2012.10.

4   http://www.kbea.or.kr/front/site/business/bio-diesel.php

5   John Blazeck, Andrew Hill, Leqian Liu, Rebecca Knight, Jarrett Miller,
    Anny Pan, Peter Otoupal & Hal S. Alper, "Harnessing *Yarrowia lipolytica*
    lipogenesis to create a platform for lipid and biofuel production,"
    Nature communications 5, 2014, https://doi.org/10.1038/ncomms4131.

6 IRENA, *Reaching Zero with Renewables: Eliminating CO2 Emissions from Industry and Transport in Line with the 1.5℃ Climate Goal*, International Renewable Energy Agency, 2020.

7 유종익 외, 『바이오 항공유 산업지원 및 활용 기획 연구』, 국토교통부 국토교통과학기술진흥원 보고서, 2019.

8 Yoonsoo Kim, Jingi Shim Jae-Wook Choi, Dong Jin Suh, Young-Kwon Park, Ung Lee, Jungkyu Choi & Jeong-Myeong Ha, "Continuous-flow production of petroleum-replacing fuels from highly viscous Kraft lignin pyrolysis oil using its hydrocracked oil as a solvent," *Energy Conversion and Management* 213, 2020, 112728.

9 REN21, *Renewables 2019 Global Status Report*, REN21 Secretariat, 2019.

10 조현국 외, 『제6차 국가산림자원조사 및 모니터링 연구용역』, 산림청 보고서, 2016; 산림청, 『2015 산림기본통계』, 보고서, 2016.

4부 더 적게, 더 효율적으로

2장 친환경 교통·운송 수단

1 환경부, 「온실가스 배출량 2018년 2.5% 증가, 2019년 3.4% 감소」, 보도자료, 2020.9.28.

2 관계부처 합동, 「2030년 국가 온실가스 감축목표 달성을 위한 기본 로드맵 수정안」, 2018.7.

3장 고탄소 산업의 저탄소화

1 IEA, *Energy Technologies Perspectives*, International Energy Agency, 2020.

2 산업연구원, 「주요 산업의 탈탄소화 추진 방향과 주요 과제—철강」, 2021.8.31.

3 IEA, *Energy Technologies Perspectives*, 2020.

4 www.worldsteel.org/about-steel.html.

5 산업통상자원부, 「2050 탄소중립, 시멘트업계 동참」, 보도자료, 2021.2.17.

6   IEA, *Net Zero by 2050: A Roadmap for the Global Energy Sector*, International Energy Agency, 2021.

5부 탄소 술래잡기

1장 이산화탄소·포집·활용·저장

1   박정훈·백일현, 「연소 전 CO_2 포집 기술 현황 및 전망」, 『공업화학전망』 12(1), 2009, 3~14쪽.

2   홍석민, 「CO_2 포집을 위한 새로운 탄소 기반 흡착제 개발」, 『NICE』 37(6), 2019, 712~17쪽.

3   Tokyo Electric Power Company, *R&D Report of Global Environment Department*, 1994.

4   Cesare Marchetti, "On geoengineering and the CO_2 problem," *Climatic Change* 1(1), 1977, pp. 59~68.

5   「포항지진 불똥… CO_2 저장 사업 전격 철수」, 『매일경제』, 2019.5.3.

지은이 소개(가나다순)

강문정

녹색기술센터 국제협상팀장. 베를린 공과대학교에서 기술경제학으로 박사
학위를 받았다. 유엔 기후변화협약의 국제 협상을 연구하고 있다.

구지선

녹색기술센터 전략기획부장. 동국대학교에서 법학으로 박사 학위를 받았다.
환경법, 기술 개발에 따른 법제적 이슈를 연구하고 있다.

김제원

덴마크 기후기술센터 · 네트워크 연구원. 오스트레일리아 그리피스 대학교에서
마케팅으로 박사 학위를 받았다. 글로벌 녹색 기후 기술 전략 기획 및
네트워크 구축 연구를 수행하고 있다.

김종주

한국과학기술연구원 책임연구원. 카이스트에서 경영공학으로 박사 학위를
받았다. 과학기술 정책, 기술혁신 이론, 신제품 개발 경영 등을 연구하고
있다. 지은 책으로 『기술 사업화의 이해와 적용』(공저)이 있다.

김태건

녹색기술센터 국가기후기술협력센터장. 독일 뮌스터 대학교에서 사회학으로
박사 학위를 받았다. 기후변화 대응 국가 전략으로 미 · 중의 관련 정책 대응,
과학 외교 차원의 대응, 그린 뉴딜 공적 개발 원조, 연구 개발-실증 단계를
포함한 기후 기술 협력 사업, 기후 기술 인력 양성 등을 연구하고 있다. 지은
책으로 『생활 속 녹색기술 이야기—그린으로 함께 나누는 미래』(공저) 등이
있다.

김태윤

녹색기술센터 연구원. 고려대학교에서 에너지환경정책학으로 박사 학위를 받았다. 유엔 기후변화협약하 기술 협상과 기술 메커니즘에 대해 연구하고 있다.

김형주

녹색기술센터 선임부장. 독일 베를린 공과대학교에서 기계 및 생산공학으로 박사 학위를 받았다. 환경 친화 제품의 설계 및 평가, 재활용 및 에너지 효율화, 녹색 기술 기반 국제 협력을 연구하고 있다. 지은 책으로 『기후위기 시대, 12가지 쟁점』(공저), 『생활 속 녹색기술 이야기—그린으로 함께 나누는 미래』(공저) 등이, 옮긴 책으로 『스마트 그리드—IT가 만드는 전력 시스템의 미래』(공역)이 있다.

남석우

한국과학기술연구원 책임연구원. 미국 캘리포니아 공과대학에서 화학공학으로 박사 학위를 받았다. 수소 생산 및 저장 연구를 수행하고 있다.

문영준

한국교통연구원 선임연구위원. 미국 일리노이 대학교 토목공학과에서 교통공학으로 박사 학위를 받았다. 교통류 이론, 교통신호 체계, 지능형 교통 체계ITS, 자율 주행 및 디지털 인프라 분야를 연구하고 있다. 지은 책으로 『이동의 자유—자율주행 혁명』이 있다.

손지희

녹색기술센터 사업개발팀장. 미국 콜로라도 주립 대학교에서 토목공학으로 박사 학위를 받았다. 국내 기후 기술의 해외 확산 촉진을 위한 거버넌스와 정책을 연구하고 있다. 「한국 CTCN 기술지원 사업 이행지침」(공저), "2015-2021: An Overview of Korea's Engagement with the United Nations Climate Technology Centre & Network(CTCN)"(공저) 등의 보고서를 썼다.

손해정

한국과학기술연구원 책임연구원. 미국 시카고 대학교에서 유기고분자
화학으로 박사 학위를 받았다. 차세대 태양전지 기술을 연구하고 있다.

송창현

한국과학기술기획평가원 부연구위원. 서울대학교 대학원 협동과정에서
기술경영경제정책 전공으로 박사 학위를 받았다. 과학기술 정책과
바이오산업 정책, 기술 벤처 이론 등을 연구하고 있다.

안세진

녹색기술센터 선임연구원. 한국외국어대학교에서 국제개발학으로 석사
학위를 받았다. 기후 기술 통계 생산 및 정보 확산을 연구하고 있다.

엄다예

덴마크 기후기술센터·네트워크 연구원. 아랍에미리트 마스다르
공립대학에서 시스템공학으로 석사 학위를 받았다. 글로벌 녹색 기후 기술
전략 기획 및 네트워크 구축 연구를 수행하고 있다.

엄영순

한국과학기술연구원 책임연구원. 미국 메릴랜드 주립 대학교에서
화학공학으로 박사 학위를 받았다. 미생물 이용 바이오매스와
이산화탄소에서 탄소중립형 화합물과 연료를 생산하기 위한 연구를 수행하고
있다.

여호수아

녹색기술센터 관리원. 성균관대학교 정치외교학과와 경제학과를 졸업했다.
녹색기술센터의 홍보를 담당하고 있다.

이구용

충남도립대학교 환경보건학과 교수. 카이스트에서 건설 및 환경공학과 박사
학위를 받았다. 환경 모델링, 환경 정책, 탄소량 평가 등을 연구하고 있다.

이민아

녹색기술센터 선임연구원. 일본 교토 대학교에서 환경정책학으로 박사 학위를 받았다. 탄소중립 기술 시나리오 모형 개발을 연구하고 있다.

이승언

한국건설기술연구원 건축에너지연구소 선임연구위원. 한양대학교에서 건축공학으로 박사 학위를 받았다. 건물 에너지 절약 정책, 온실 감축 국가 로드맵 등을 연구하고 있다. 지은 책으로 『녹색성장 바로 알기』(공저), 『녹색도시를 선도하는 기술전략』(공저) 등이 있다.

이천환

녹색기술센터 선임연구원. 고려대학교에서 과학기술학 박사 과정을 수료했다. 기후변화 및 기후 기술 정책, 기후변화 데이터 분석, 기후 기술 정보 시스템 등을 연구하고 있다.

이혜진

수소융합얼라이언스 국제협력실장. 서울대학교에서 경제학으로 박사 학위를 받았다. 한국 청정 수소 인증 제도의 설계 연구 개발을 수행하고 있다.

장길수

고려대학교 전기전자공학부 교수. 아이오와 주립 대학교에서 전기공학 박사 학위를 받았다. 전력 시스템을 연구하고 있다. 지은 책으로 『송변전공학』(공저) 등이 있다.

장종현

한국과학기술연구원 책임연구원. 서울대학교에서 공업화학으로 박사 학위를 받았다. 수전해, 연료전지 등 전기화학적 수소에너지 기술을 연구하고 있다.

정광덕

한국과학기술연구원 책임연구원. 카이스트에서 화학공학으로 박사 학위를 받았다. 이산화탄소의 화학적 전환 기술을 연구하고 있다. 지은 책으로

『이산화탄소 포집, 저장 및 전환기술』(공저)이 있다.

정혜재
한국과학기술연구원 선임연구원. 서울대학교에서 경제학으로 박사 학위를
받았다. 과학기술 정책, R&D 혁신 등을 연구하고 있다.

최정철
한국에너지기술연구원 선임연구원. 독일 카셀 대학교에서 풍력발전 제어
연구로 박사 학위를 받았다. 풍력 관련 인증 및 표준화, 예지적 유지 보수
등을 연구하고 있다.

한종희
한국에너지공과대학 에너지공학부 교수. 미국 신시내티 대학교에서
화학공학으로 박사 학위를 받았다. 수소에너지, 용융 탄산염 연료전지, 용융
탄산염 수전해 분야를 연구하고 있다.